JN124223

陸軍第 15 師団司令部（現 愛知大学記念館）

歩兵第 60 聯隊将校集会所（旧愛知大学綜合郷土研究所・中部地方産業研究所）

第二機銃廠（現　愛知大学中部地方産業研究所附属生活産業資料館）

陸軍養生舎（現　愛知大学教職員組合事務所）

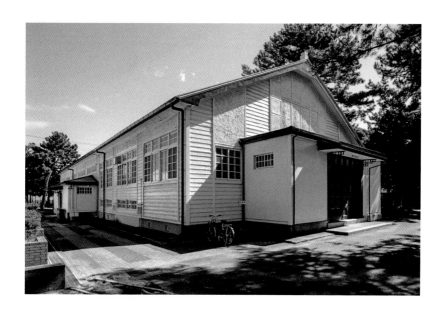

豊橋陸軍教導学校大講堂（現　第二体育館）

豊橋陸軍教導学校正門（現　愛知大学正門）

豊橋と陸軍師団

―歴史と建物―

山田邦明
泉田英雄

はじめに

　愛知県豊橋市に愛知大学が設立されたのは、敗戦後まもない昭和21年（西暦1946年）のことである。陸軍関係の施設があった跡地に入り、建物もそのまま利用してその歩みを始めたのである。それから75年以上経過し、建物の多くは解体されたが、今でも健在で、立派に姿をとどめている建物もいくつかある。陸軍第15師団の開設時（1908年）やそのしばらく後に建築された師団司令部・将校集会所・第二機銃廠・師団長官舎、陸軍教導学校開設時（1927年）に建築された大講堂と養生舎である。

　建築されてからすでに100年が経過し、これをどのように保存し活用していくかが大きな課題となっている。そのためには、まずは本格的な建物調査を行い、学問的研究を進めることが必要なので、「愛知大学特別重点研究」という大学の研究助成制度を利用させていただくことにした。愛知大学綜合郷土研究所が中心機関となり、「愛知大学等における歴史的建造物の調査・研究」というタイトルで応募して採択を得、2020年度から2022年度までの3年間の企画として調査・研究を進めた。その成果については毎年度末刊行の『年次報告書』と、最終年度末刊行の『最終報告書』にまとめたが、これとは別に、書店に並ぶような一般の書籍を刊行することも計画された。本書（『豊橋と陸軍師団』）はこの計画に基づき、愛知大学の予算を活用して出版したものである。

　本書にはまず、2022年10月に行った研究成果発表会「愛知大学豊橋校舎の歴史的建造物—100年の歳月（とき）を超えて—」の内容を収録した。建物調査を行っていただいた泉田英雄氏の講演は、調査の成果を報告するとともに、愛知大学豊橋校舎にある建物の歴史的価値について本格的に論じられた貴重なものである。陸軍第15師団の設置の経緯についても、この場で山田が報告したが、師団設置から大正7年（1918）頃までの陸軍第15師団と、当時の豊橋のようすを概観した論考（「豊橋に師団があった頃」）

をまとめ、研究結果発表会の記録のあとに配置した。最後に置いた泉田氏の「偕行社の建造物文化財調査」は、惜しくも解体された偕行社の建物調査報告である。『愛知大学綜合郷土研究所紀要』58輯（2013年）収録の論考だが、愛知大学豊橋校舎に所在した建物に関わる貴重な研究成果なので、ここに再録することとした。

　陸軍第15師団が豊橋（高師村）に設置されたのは明治41年（1908）で、今から115年前にあたる。第15師団は大正14年（1925）に廃止されたが、その跡地は陸軍の用地として利用され、陸軍教導学校や陸軍予備士官学校などが置かれた。昭和20年（1945）の敗戦によって陸軍は解体し、遺物の多くが破壊されたが、豊橋には陸軍時代の痕跡を伝える遺構や遺物がかなり遺されており、新聞記事などから当時の様子を解き明かすことも可能である。現在に伝えられた建築物や遺構に目を向けつつ、100年前の過去に思いを致してみるというのも、大切なことかもしれないし、そのための素材はたくさんあるような気がするのである。

　2023年3月

山田邦明

目次

愛知大学特別重点研究「愛知大学等における歴史的建造物の調査・研究」
研究成果発表会

愛知大学豊橋校舎の歴史的建造物
−100年の歳月（とき）を超えて−

2022年10月1日（土曜）　午後1時30分から
愛知大学豊橋キャンパス6号館620教室

進行（山田邦明）

　それでは時間になりましたので、開始させていただきます。愛知大学文学部の山田と申します。郷土研（綜合郷土研究所）の所員です。本日は久しぶりの郷土研の研究発表会ですが、今回は愛知大学の「特別重点研究」に関わるものです。愛知大学のあるところは、もともとは陸軍第15師団の敷地で、陸軍がなくなったあとに愛知大学がここに入ってきたという経緯があります。それで、陸軍の時代の建物がいくつか残っているのですが、もう100年も経っていて、今後これが永久に残るという保証もない。そういう中で、まずはきちんとした調査をしなければいけない、ということで、大学の「特別重点研究」に応募して、2020年度から2022年度までの3年の契約でお金をいただき、調査を進めてきました。泉田先生にお願いして建物の調査をしていただき、その成果をご報告するイベントを開催することになりました。今年の1月に実施する予定だったのですが、コロナの感染が広がったので、中止せざるを得ませんでした。今日はお日柄にも恵まれ、こういう形で開催することができ、たいへん嬉しく思います。

　私の報告と泉田先生のご講演のレジュメをお渡ししました。また、豊橋の美術博物館の方々のご厚意で、いろいろな資料も用意していただきましたので、ご参考にしていただければ幸いです。講演会は3時くらいに終了の予定ですが、隣の部屋に泉田先生のお話でもとりあげていただく建物図面のコピーが並べられているので、これをご覧いただき、そのあと、大学

1

の構内にある建物そのものを実際に見ていただく、探検隊というか、ブラタモリのような企画を考えています。3時でお帰りになっていただいてもかまいませんが、よろしければ、構内を巡るという企画にもおつきあいいただければと思います。

　それではまず、郷土研の所長の神谷智から挨拶させていただきます。

神谷智

　みなさんこんにちは。先ほど話がありましたように、1月にやる予定でしたが、コロナの影響でのびのびになっていました。今回も心配されたんですが、少しコロナも収まりかけてきたので実行することにしました。お集まりいただき、ありがとうございます。愛知大学に古い建物があることは、みなさんご存知でしょうが、よく知られているのは本館の建物と公館ですね。ここはすでに見学された方もいると思います。今回のテーマ（特別重点研究のタイトル）は「愛知大学等における歴史的建造物の調査・研究」ですが、この「等」が大事です。陸軍第15師団があったのは、愛知大学の場所だけではなくて、時習館高校もそうですし、豊橋公園のところにも軍隊がいました。今回はそうした全体的な話も、山田先生のほうからしていただけると思います。それから、泉田先生からは、みなさんご存知の本館や公館、それ以外にもいろいろな建物がちょこちょこ残っているので、そうしたお話もあるのではないかと思います。この2つの点についてお聞きいただけるとありがたいです。よろしくお願いします。

陸軍第15師団の設営

山田　邦明

はじめに

　司会進行から報告者に代わります。愛知大学に勤務している山田と申します。私の専門は日本中世史なのですが、近代史の世界にも関わることになりました。今日のレジュメは3枚あるので、ご確認ください。A3の紙が3枚、ホチキスで止めていないので、並べながら見ていただければと思います。最初の1枚目は話の筋道をまとめたもので、2枚目が年表です。それから3枚目に地図があります。豊橋の中央図書館に地図がたくさんありまして、その中からいちばん使いやすいものをみつけて、そのままコピーしました。「豊橋市街全図」というタイトルの地図で、下のほうに「新朝報　第七千三百九号附録」「大正十二年五月十日」という文字がみえます。『新朝報』は当時あった日刊の新聞で、大正12年に大きなイベントがあった時に作って附録に載せたものです。

　この会の冒頭にお話したように、愛知大学には「特別重点研究」という研究支援の制度があり、「愛知大学等における歴史的建造物の調査・研究」というタイトルで申請し、採択されました。2020年度から3年の企画で、今年はもう3年目です。最初の1年間のうちに、大学の構内にある建物の調査をして、あとの2年間でいろいろのことをする計画でした。出発当初からコロナに襲われたので、なかなかうまく進められなかった面もありますが、泉田先生のご尽力で、建物の調査は順調に進めることができました。

　建物の調査とともに、古文書の調査なども進めていったのですが、その

過程で、たくさんの文献史料をみつけることができました。こうした文献史料からわかったことの概略を、これからお話したい、ということです。

　陸軍第15師団に関係する文献史料には、おおまかにいって3種類のものがあります。1つは防衛省防衛研究所に所蔵されている大量の古文書（冊子など）です。今ではデータベースになっていて、自宅のパソコンを使えば簡単に手に入れられるのでありがたいのですが、とんでもない量なので、捜し出して分析するのはたいへんです。

　2つめは豊橋の市役所にある、渥美郡高師村の議事録や議決書です。陸軍第15師団が設置された頃、このあたりはまだ豊橋市に合併していなくて、「愛知県渥美郡高師村」といっていたのですが、この時期の村会の議事について詳しくまとめてある10冊の冊子（議事録や決議書）がみつかりました。

　それから3つめは新聞の記事です。豊橋市の中央図書館にマイクロフィルムがあり、今ではデータベースになっていて、簡単に見ることができます。とてもありがたいのですが、ものすごい量なので、関係する記事を捜す作業はたいへんです。こうした3つの種類の史料から記事を集めてみたところ、第15師団がここに設営された段階のことが、けっこう具体的にわかってきました。今日はそのあたりのことを簡単にお話したいと思います。

1　陸軍第15師団の概要

　それでは最初の「陸軍第15師団の概要」についてお話します。陸軍第15師団は、日露戦争の最中、明治38年（西暦1905年）に作られた4個師団の一つです。もともとここここにあったわけではありません。戦争が終結したあとに、あと2つが加わって、6つの師団が新設されました。当時は軍拡の時代だったので、新たな師団が6つできたわけですが、これをどこに置くかが問題になって、結果的にはレジュメに示したような形でその配置が決定されました。第13師団は新潟県中頸城郡高田町、第14師団は栃

木県宇都宮市、第15師団は愛知県渥美郡高師村（豊橋市近郊）、第16師団は京都府紀伊郡伏見村（今の京都市伏見区）、第17師団は岡山県御津郡伊島村（岡山市近郊）、第18師団は福岡県久留米市というふうに、日本列島の各地に新たに師団が置かれることになりました。第15師団はこの中の一つで、豊橋のそばの高師村に設置されることが決まった、ということです。

　陸軍第15師団の組織が、どんなふうに広がっていたかということですが、お配りしたレジュメの３枚目、『新朝報』の附録の地図を見てください。上のほうの黒っぽいところが豊橋の市街地です。「豊橋停車場」とあるのが豊橋の駅で、その東の黒っぽいところが市街地です。そこから南にいくと、四角く区画されたところがありますが、ここが第15師団の中心地です。今のようすと比べてみても、道もあまり変わっていなくて、この時の状況が今につながっていることがわかります。

　細かな話になりますが、この地図に①から⑭までの番号がついています（この番号はもとの地図にはもちろんなくて、自分が書き加えたものです）。①とあるのが第15師団司令部で、その北にあるのが歩兵第60聯隊（②）。この２つの組織のあったところが、現在の愛知大学のキャンパスになります。その前の大きな道を隔てて向かい合っているのが野砲兵第21聯隊（③）で、今は時習館高校があります。その南西が輜重兵第15大隊（④）で、工業高校のあるところです（今は豊橋工科高校といいますが）。それから、ここから道を隔てた⑤の場所、福岡小学校のあるところですが、ここには騎兵第19聯隊が置かれました。その南の⑥番は騎兵第25聯隊で、今のマックスバリューです。マックスバリューがこの中にあるんです。そのまた南には騎兵第26聯隊がいましたが（⑦）、スーパーヤマナカのあるところです。こんなふうに軍の敷地がまとまっていて、少し離れて病院（衛戍病院）があり（⑧）、そばには監獄（衛戍監獄）もありました（⑨）。

　ここでまた師団司令部（①）と歩兵第60聯隊（②）に戻ってください。

歩兵第60聯隊と道を挟んだ目の前にあったのが憲兵隊本部（⑩）ですが、いま南部交番のあるところです。憲兵隊本部のあった場所が交番になっている、というわけです。それから、師団司令部の南に兵器支廠がありました（⑪）。南部中学校と栄小学校があるところは兵器支廠だったのです。そして兵器支廠の南に広い練兵場がありました（⑫）。

このように①から⑫までの組織は高師村にまとまって存在していました。このほかに、かなり離れたところに歩兵第18聯隊と工兵第15大隊がありました。歩兵第18聯隊は第15師団設置以前からあった組織ですが、今の豊橋公園、市役所のあるところにありました（⑬）。それから向山に工兵第15大隊がぽつんと置かれていました（⑭）。陸軍第15師団は大きな組織で、静岡や浜松などにも聯隊がありましたが、中心になったのは豊橋（高師村）で、司令部や聯隊など、たくさんの組織が並び立っていたのです。

2　建設工事

これからが本番で、建設工事がどんなふうに進められたか、ということを駆け足でお話します。年表を見てわかるように、明治40年（西暦1907年）からことが動いて、豊橋にも師団が来るかもしれないということで、市長の大口喜六さんが2月7日に請願のために東京に行ったという新聞記事があります。豊橋に師団が置かれることが決定したのは3月の下旬です。師団新設工事全体を担ったのは、陸軍の中に作られた臨時陸軍建築部という特別な組織です。名古屋に陸軍第3師団がありましたので、名古屋に臨時陸軍建築部名古屋支部というものが作られて、名古屋の方がこちらに来て工事を監督する、という形になっていました。けっこう複雑ですね。

最初に作られたのは輜重兵大隊の兵営や兵舎です。輜重兵というのは荷物を運ぶ部隊ですが、これを先に入営させる。輜重兵を早めに現地に呼んできて工事に従事させるというのが、一つの理由だったのではないかと思

います。この輜重兵大隊（輜重兵第15大隊）の工事については、まず「請負入札」を行っていて、『新愛知』という新聞の広告欄に、臨時陸軍建築部名古屋支部から「工事請負入札」という広告（公告）が掲載されました（10月15日）。1枚目のレジュメに写真を載せておきましたが、「豊橋輜重兵大隊営新築および富山歩兵旅団司令部新築、浜松・岐阜・富山各衛戍病院建物周囲下水その他工事を入札に附す」と書かれています。この時は広く業者を募る一般競争の入札で、結局名古屋の福田組という業者が請け負うことになり、12月3日から輜重兵第15大隊の兵

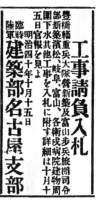

図1　工事請負入札公告
（豊橋市図書館新聞
データベースより）

営の土工事（地均し工事）が始まります。兵営を作る際には、まずは土工事をして土地を平坦にしなければならないというわけです。

　翌年（明治41年、西暦1908年）になると、あちらこちらで次々と地均し工事が始まっていきます。その順番が面白いのです。工事の開始にあたっては臨時陸軍建築部本部長（石本新六）から陸軍大臣（寺内正毅）に申請して許可を得る必要があるのですが、工事の全体をまとめて申請するのではなく、それぞれの工事について個別に申請していくのです。年表にあるように、1月13日に憲兵隊本部と衛戍監獄の敷地の地均し工事の実施が認可され、18日には第15師団司令部と衛戍病院、24日には兵器支廠、歩兵第60聯隊の兵営、騎兵第19聯隊の兵営、野砲兵第21聯隊の兵営の敷地の地均し工事の許可が下りています。こういった順番に申請がなされ、許可が出ているわけです。最初に申請したのが憲兵隊本部と監獄の土工事だった理由は、よくわかりませんが、とりあえず憲兵隊本部と監獄は早めに作っておかねばならないと考えられていたからかもしれません。兵隊が来ると、すぐに犯罪者や脱走兵が出るかもしれないので、とにかく憲兵隊と監獄は早めに作って用意しておく必要があったのではないかと思います。

こんなふうにして工事は順調に進んでいきます。『新朝報』という地元の新聞の3月15日の紙面に、「師団敷地の地均し工事は、工夫3千余名を督励しながら、順調に進められています」といった記事がみえます。「3千余名」というのはたいへんな人数で、嘘かもしれませんが、たいへんな数の労働者が集まってきたことは確かなようです。

　工事のことに注目しながら年表を見ていきます。3月24日に、臨時陸軍建築部名古屋支部が中心になって第15師団建築工事の指名入札が行われます。前回は一般入札でしたが、今回は指名入札です。そして請負人が決定します。誰に決まったか、これがなんと大林組なんです。大林組は当時からありまして、大林芳五郎が建築工事のほとんどの部分を請け負うことになります。

　そうした中、まず輜重兵の方々がいらっしゃって、最初は高師原の兵舎に入ります。輜重兵第15大隊の工事は完成していなかったので、工事が終るまでは高師原兵舎で仮住まいということになったのです。5月21日の『新朝報』の紙面には、兵営新築工事の進捗状況や今後の予定についての記事があって、「500余人の大工を督励して工事が進められている」と書かれています。こんなふうに工事は進んでいきますが、時にはトラブルも起きたようで、5月19日の『新朝報』の紙面には、大工たちがストライキを起こしたという記事がみえます。どうも給料が払われなかったらしくて、怒った大工たちがストライキを起こすという、たいへんな事件があったようです。こんなこともありましたが、色々の障害を乗り越えながら工事は進捗していきます。結局なんとか間に合って（一部の兵舎は未完成だったようですが）兵士たちを迎え入れ、11月18日に歓迎式が開かれて一件落着となります。騎兵第4旅団(騎兵第25聯隊と第26聯隊)は少し遅れてやってきて、明治42年（西暦1909年）の7月25日に歓迎式が行われます。

　明治40年の末から明治42年まで、1年半くらいの間に、ものすごい規模の工事が行われたわけです。この工事にはたくさんの人々が関わりまし

たが、こうした労働者はどこから集まってきたのか、その一端がわかる面白い新聞記事があります。『新愛知』の明治41年12月25日の紙面に、高師村大字福岡で起きた傷害事件に関わる記事が掲載されています。工事に従事していた岡山県菅生村出身の宗元治と、自称神戸市出身の平太米吉の喧嘩の記事です。ちょうど師団の工事が一区切りついていた時期で、懇親会でも開こうという話になり、近くの家で飲んでいたのですが、「お前は大酒飲みだから金をたくさん払え」などと言っているうちに喧嘩になって、平太米吉が宗元治に怪我をさせてしまったということです。そしてこの新聞記事には2人の出身地がしっかり書かれています。宗元治は岡山県菅生村の出身で、平太米吉は自分は神戸の出身だと話していた、というのです。2人とも近所の人じゃなくて、はるか遠くの岡山県や神戸の出身でした。工事に従事した労働者の名簿などはもちろん残っていないので、全体的なことはわかりませんが、豊橋から遠く離れた列島各地から数多くの人たちが集まってきていたことが、この新聞記事からうかがえるわけです。

3　資材の運搬

　続いて「資材の運搬」についてお話します。大がかりな建築工事なので、たくさんの資材を現地まで運ばなければならない。そのために「軽便軌道」というのを敷設して、トロッコを使って資材を運搬するという方法が発案されます。

　年表をごらんください。明治41年2月10日に高師村で村会が開かれて、豊橋停車場から新設兵営地の間に軽便軌道を敷設するという臨時陸軍建築部の要望を受け入れることが決まっています。豊橋の駅から建築現場まで軽便軌道を敷設するということを、臨時陸軍建築部のほうで提案して、村の側もこれを受け入れたというわけです。このあと臨時陸軍建築部本部長から陸軍大臣に申請がなされ、3月5日に認可が下りているので、まもなく工事が始まって、軌道（鉄道）が敷設されたものと思われます。

この軽便軌道については関係する史料がほとんどないのですが、ある不幸な事故に関わる新聞記事から、この軌道がたしかに存在していたことが証明されます。明治41年8月29日の『新朝報』の紙面に、師団新設工事の中で起きた事故に関わる記事が掲載されています。豊橋駅から工事場に向かって、父親といっしょにトロッコを押していた少女が、兵器廠の西の入口まで来て、左に曲がる軌道に移ろうとしたとき、どうしたはずみか溝に落ち、材木の下敷きになって亡くなってしまった、というものです。兵器廠の入口というのは、南部中学校の敷地の西側で、今も門柱があります。おそらく事故が起きたのはあの場所だと思います。この親子は豊橋駅から南に向かってトロッコを押していて、兵器廠の門のところで、左に曲がる軌道に沿って中に入ろうとしていたわけで、豊橋駅から兵器廠につながる軽便軌道があったこと、兵器廠の門のところで左に転じて中に入る軌道もあったことが、この新聞記事からわかるのです。

　それからもう一つ、小さな新聞記事ですが、明治41年8月12日の『新朝報』の紙面に、松山のあたりに敷設されていた軽便軌道に関わる記事が掲載されています。暴風雨によって建築中の兵舎や倉庫がたくさん倒壊して、大林組も損害を蒙るのですが、それだけでなく、松山にあった製糸場から、「自分の工場が浸水したのは、専用の軽便軌道が排水を妨げたからだ」という理由で損害賠償を請求されたというものです。松山というのは柳生橋駅の北にあたりますが、ここの製糸工場のそば、おそらく西側に軽便軌道があったため、水がうまく捌けなくて、工場が水びたしになった、ということだろうと思います。大林組が損害賠償を請求されているので、これは大林組が自分で敷設した軌道でしょうが、こうしたところにも建築現場に資材を運ぶための軌道があったことがわかるのです。

　ここまでお話したのは、駅のほうから南に向かって現場まで進む軌道ですが、これとは別に、牟呂の港からダイレクトに、丘を登って工事現場に至る軽便軌道も敷設されました。「牟呂臨港軌道」といいます。明治41年

3月31日の『新朝報』に、この「牟呂臨港軌道」の敷設に関わる記事が掲載されていて、芳賀太市と芳賀保治といった地域の有力者と、工事請負人の大林芳五郎が発起人となって、師団所在地と牟呂港を結ぶ鉄軌を敷設する計画が立てられているとあります。そしてこの計画は実行に移されます。

　牟呂の市場町は海に面した港なので、そこに資材が集まる。そのそばに大林組の関係者が資材置場を作ったようです。いったんここに置いて、そこから軌道の上を、トロッコを押していって、ダイレクトに建築現場まで運んだということです。港から現場までダイレクトに運べる近距離コースです。

　この軽便軌道については、昭和60年（1985）に福岡小学校が発行した『福岡　むかしと今』という本に詳しく書かれていて、「トロッコ押しの図」というイラストも載っています。地域の人たちもトロッコを押して、けっこういいバイト代が出た。賃金は高くて、沿線には居酒屋もできたといったことが書かれています。

　資材の運搬についてまとめてみます。豊橋の停車場からまっすぐ師団まで来る軽便軌道が敷設されましたが、これとは別に、牟呂の港からまっすぐ師団に至る軽便軌道も敷設されて、大量の資材を効率よく運ぶことができた、ということのようです。

4　排水路の整備

　続いて排水路の話になります。こちらに赴任してしばらくして気づいたのですが、このあたりの下水溝はとても大きいのです。普通の下水溝じゃなくて、幅が1メートルくらいのものもある。不思議だなと思っていたのですが、この立派な下水溝は軍隊の時代に作られたもので、規模が大きいのも理由があるようなのです。

　軍隊が来る前、このあたりは普通の山（台地）だったんです。草や木があるので、雨が降っても水が土の下に入っていって、たいした水害は起きないわけです。ところが、こうした広い自然の台地に土工事（地均し工事）

をして、無理やり平地にしてしまった。師団を置くためには必要なことでしたが、地域の環境にとってみると、困ったことが起きる。草や木を抜いて平地にしたので、水が土の中に浸透しなくなる。だから、大雨が降ると、大量の水が平地の側面に流れ落ちることになります。周辺の住民が被害を蒙ることが目に見えているから、きちんとした排水路を作らなきゃいけないということになります。

　明治41年5月24日の高師村の村会で、第15師団敷地からの排水路、「内張川」「山田川」「小浜線」という3つの排水路の工事費用を陸軍省に請求するという議決がなされています。排水路の工事は必要だけれども、工事の費用は陸軍省のほうで払ってね、というわけです。

　この3つの排水路の場所については、この地域にお住まいの方でないとよくわからないかもしれません。お配りした地図には水路は描かれていません。愛知大学の東に「山田川」という川が流れています。カーマのそばを流れている川ですが、この山田川を整備して、田原街道（現在の国道246号線）の東の兵舎などから出た水を流す排水路にしたようです。

　それから、田原街道から西の兵舎など、時習館高校や豊橋工科高校のあたりから出た排水については、新たに排水路を開鑿して対処しました。現在「師団都市下水路」と呼ばれている排水路です（これが前にみた高師村村会の議決にみえる「小浜線」にあたります）。ワルツというコーヒー店のそばを流れている川ですが、あれは自然の川ではなくて、師団が設営された時に新たに作られた排水路なのです。

　3つめの「内張川」ですが、南栄駅の南のほうに大きな川が流れていますね。今でも「内張川」といっています。山田川の整備はそれほど難しくないし、小浜につながる排水路もがんばって作ってしまったのですが、内張川の工事についてはいろいろ問題があって、すぐには着手できなかったようです。陸軍と高師村の間でうまく話がまとまらないで、先延ばしになっていたのですが、そうこうしているうちに洪水が起きてしまいます。明治

43年（西暦1910年）の8月の大雨で大きな被害が出、翌年（明治44年）の8月にも大雨があって、たいへんな被害を蒙りました。2年続いての大雨で、今のアイプラザ豊橋のあたりから西の一帯が水浸しになってしまったようです。

　そうした中、明治44年11月16日に高師村の村会が開かれ、内張川の改修工事について陸軍省に補助を求めるという方針が決まり、陸軍大臣にあてて申請書が提出されます。これがなかなか長文の申請書で、今までの経緯が詳しく書かれています。「内張川を改修しなければならないことは分かっていたけれども、陸軍側との話がまとまらなかったので、そのままにしているうちに大雨で被害が出た。これではいけないと思い、工事の計画を立てた」ということですが、「そもそも軍隊が来なければ、こんな問題は起きなかったわけだから、工事にかかる費用を陸軍省に請求することとする」と書かれています。

　陸軍のほうもお金がないから、練兵場の南の排水路の整備は陸軍、アイプラザのあたりから西の内張川の改修は村で行うということになったようです。今の内張川を見てみると、かつての練兵場の南のあたりは、かなりしっかりとした工事がされているように思えます。いろいろ話してきましたが、陸軍の師団がこの地に来たことによって必要になった、いちばん大きなことは、この排水路の整備だったのではないかと思います。

　早口で申し訳ありませんが、ざくざくとお話させていただきました。やっぱりここに師団が置かれたというのは大事件で、何千人かわかりませんが、数多くの人が来て、まずは土地を平らにした。そこではいろいろな意味で、インフラもあって、景気も良くなるわけですが、問題も発生します。建設工事については、臨時陸軍建築部の名古屋支部が中心となって進め、がんばって順番に建物を作っていき、なんとか完成させたという経緯が詳しくわかります。それから重要なのは、資材の運搬に関しては、駅から工事現

場につながるトロッコの軌道だけでなく、牟呂の港からまっすぐトロッコで運べるように軌道を作った。これはたいへんなことです。今につながるいちばん大きなこととしては、排水路の整備というのが重要な課題で、陸軍と地域住民が交渉しながらなんとか実現して、現在に至っているというわけです。

　陸軍第15師団は大正14年（西暦1925年）に、軍縮の影響を受けて廃止されますが、この場所には陸軍教導学校や士官学校などが配置され、戦後になってから愛大や時習館などが入って現在に至っているというわけです。なんとか30分で終りました。これからが本番ですので、私はこのあたりで失礼させていただきます。

年表

明治40年（西暦1907年）

　2月7日、豊橋市長の大口喜六ら、陸軍師団設置の請願のため上京する。

　3月24日、『新愛知』の紙面に、陸軍第15師団が豊橋（愛知県渥美郡高師村）に置かれることが確定したとの記事が掲載される。

　4月12日、『新朝報』の紙面に、師団増設に伴う兵営等建築の方針についての記事が掲載される（新設の臨時陸軍建築部が担当）。

　4月14日、『新愛知』の紙面に、新設師団の経営方針に関する記事が掲載される（豊橋の第15師団については、名古屋の第3師団が担当）。

　5月8日、『新愛知』の紙面に、陸軍騎兵第4旅団が豊橋（高師村）に置かれることが内定したとの記事が掲載される。

　5月12日、『新愛知』の紙面に、臨時陸軍建築部名古屋支部が第15師団の兵営等の建築を担当するとの記事が掲載される。

　10月15日、臨時陸軍建築部名古屋支部、豊橋輜重兵大隊営新築工事の入札公告を、『新愛知』紙上に掲載する。

　10月30日、輜重兵営建物周囲の下水道などの工事の実施が認可される（臨時陸軍建築部本部長石本新六が陸軍大臣に申請し、認可を得る）。

　11月26日、『新朝報』の紙面に、豊橋輜重兵営舎建設の請負者と起工予定日にかかわる記事が掲載される（名古屋の福田組が請け負う）。

　12月3日、輜重兵第15大隊兵営の新築工事（地均し工事）が開始される。

明治41年（西暦1908年）

　1月13日、憲兵隊本部・衛戍監獄敷地の地均し工事の実施が認可される。

　1月18日、第15師団司令部・衛戍病院敷地の地均し工事の実施が認可される。

1月24日、兵器支廠・歩兵第60聯隊営・騎兵第19聯隊営・野砲兵第21
　　　　聯隊営敷地の地均し工事の実施が認可される。

2月10日、高師村の村会、豊橋停車場と新設兵営地の間に軽便軌道を敷
　　　　設するという臨時陸軍建築部の要望を受け入れる。

3月5日、豊橋停車場より高師村兵営の間に軽便鉄道を敷設することが
　　　　認可される（臨時陸軍建築部本部長石本新六が陸軍大臣に申
　　　　請し、認可を得る）。

3月15日、『新朝報』の紙面に、第15師団敷地の地均し工事の進捗状況（工
　　　　夫3000余名を督励）、今後の建築工事の予定、輜重兵大隊入
　　　　営予定の高師原における工事の状況などに関わる記事が掲載
　　　　される。

3月24日、臨時陸軍建築部名古屋支部において、第15師団工事の指名
　　　　入札が行われ、請負人が決定する（師団司令部・歩兵聯隊・
　　　　工兵大隊・兵器支廠・憲兵隊本部・砲兵聯隊は大阪の大林芳
　　　　五郎、輜重兵大隊・病院は西春日井郡金城村の梅本金三郎、
　　　　監獄は岐阜市の丹羽与三郎）。

3月29日、輜重兵第15大隊の来着が完了し、高師原の仮兵舎に移る。

3月31日、『新朝報』の紙面に、牟呂臨港軌道の敷設に関わる記事が掲
　　　　載される（芳賀太市・芳賀保治・大林芳五郎が発起人となり、
　　　　師団所在地と牟呂港を結ぶ鉄軌を敷設する）。

4月16日、高師村の村会、柳生川の川尻に建築材料置場を設置すること
　　　　を認める（大林芳五郎の代理人が願い出）。

5月19日、『新朝報』の紙面に、第15師団兵営建築工事において、大工
　　　　たちが業務停止行為（ストライキ）を決行したとの記事が掲
　　　　載される。

5月21日、『新朝報』の紙面に、第15師団兵営新築工事の進捗状況（500
　　　　余人の大工を督励）と今後の予定に関わる記事が掲載される。

5月24日、高師村の村会、第15師団敷地からの排水路（内張川・山田川・小浜線）の工事費用を陸軍省に請求することを議決する。

8月12日、『新朝報』の紙面に、兵営工事請負者の大林組が、暴風雨により損害を蒙った記事が掲載される（建築中の兵舎・倉庫などが倒壊、専用軽便鉄道が排水を妨げ、松山の製糸場が浸水して、損害賠償を請求される）。

8月29日、第15師団敷地からの排水路の設置工事（山田川の改修、新水路の開鑿）の実施が認可される。

8月29日、『新朝報』の紙面に、師団新設工事の中で起きた事故に関わる記事が掲載される（豊橋駅から工事場に向かってトロッコを父と共に押していた少女が、兵器廠の西入口で梁中に転落して死亡する）。

9月10日、大林芳五郎、第15師団各隊における建築で使用した木材の残りを、偕行社の建築のため寄附しようとし、願書を第15師団長に提出する。

10月12日、高師村の村会、第15師団敷地からの排水路につき、大字福岡の橋良鯰池の側面を迂回するよう、陸軍省に要望することを決める。

11月17日、第15師団歓迎式が、高師原練兵場で挙行される。

11月25日、『新愛知』の紙面に、高師村大字福岡で起きた傷害事件に関わる記事が掲載される（工事に従事していた岡山県菅生村出身の宗元治と、自称神戸市出身の平太米吉の喧嘩）。

明治42年（西暦1909年）

2月13日、臨時陸軍建築部本部長石本新六、豊橋兵営附近の排水路に関わる用地買収につき、陸軍大臣に認可申請を行う。

2月19日、歩兵第60聯隊将校集会所の構内に撃剣場を建設することが

認可される（第15師団経理部長斎藤文賢が陸軍大臣に申請し、認可を得る）。

4月5日、歩兵第60聯隊将校集会所の構内に調理所を建設することが認可される。

5月16日、第15師団偕行社の落成式が行われる。

7月25日、騎兵第4旅団（第25聯隊・第26聯隊）の歓迎式が挙行される。

明治43年（西暦1910年）

8月、　　大雨により、渥美郡や第15師団が被害を蒙る。

11月20日、皇太子嘉仁親王、豊橋偕行社の前庭に記念の松を植える。

明治44年（西暦1911年）

8月、　　大雨により、渥美郡が被害を蒙る。

11月16日、高師村の村会、内張川の改修工事について陸軍省に補助を求める方針を決め、陸軍大臣に申請書を提出する。

愛知大学豊橋キャンパス内に残る
旧陸軍施設建物について

泉田　英雄

1　調査の経緯

　泉田でございます。どうぞ、よろしくお願いいたします。豊橋技術科学大学に 23 年勤めておりました。今回、山田先生のお誘いで 2 年前に、豊橋キャンパス内に残る建物にどんな物があって、どんな構造、材料になっているのかを調べることになりました。この前段階として、愛知大学所有の旧陸軍施設建物の調査がありました。キャンパス北側外の山田町高塚に愛知大学公館があり、これは旧師団長官舎で、豊橋市指定文化財になっておりました。今から 11 年前頃ですかね、愛知大学はこれを使用しておらず、老朽化も進んでいるということで何とかしたいという相談がありました。とりあえず現状を調査しようということとで、私が代表となり、地元の建築文化に詳しい豊橋創造大学の伊藤晴康先生、歴史的建築に造詣の深い名古屋大学の西澤泰彦先生、そして愛知大学から東亜同文書院大学記念センターの武井義和先生の、4 人でチームを組みました。国の重要文化財に匹敵するほど価値は高く、近代建築としての魅力もあるので、官民を挙げての修理活用を提案したのですが、実現には至りませんでした。

　それからもう一つは、今から 6 年前ですかね、旧偕行社の建物の調査の依頼を受けました。これは愛知大学キャンパス内の旧陸軍施設建物の中で老朽化が最もひどい状態でした。短期大学部本部だった建物で、10 年ほど前から使われることがなくなって、屋根から雨漏りが生じていました。大学側が、これを修理して活用するためには相当なお金がかかるので取り壊

しを考えているということで、その前に記録保存のための調査を依頼されました。市民などに見てもらう機会があった方がよかったと思うのですが、2016年のお盆休みの期間中に突然解体撤去されてしまいました。このように、愛知大学は残された旧陸軍施設建物の維持管理に大変苦労しておられると察せられます。そこで、山田先生を代表として、愛知大学と旧陸軍と地域社会との関係を総合的に問い直そうということになり、豊橋キャンパス内に残された建物の平面、材料、構造、現状などを建築学的に明らかにし、広く皆様に知ってもらおうということで参加することになりました。

2　1976年のキャンパス内施設建物

　図1は開学25周年記念誌に掲載された施設配置地図で、1976年当時の状況がよく分かるように旧陸軍施設建物に薄い網掛けを、また鉄筋コンクリート造の建物に濃い網掛けをしました。すなわち、愛知大学の手によって、副門を入った正面に学生会館とサークル棟が、その南側に図書館、講義棟、研究館、研究棟、短大校舎、さらに研究棟や事務棟が建設されたことがわかります。旧陸軍施設建物は旧将校集会所（旧綜合郷土研究所・中部地方産業研究所）、旧司令部庁舎（愛知大学本館、現大学記念館）、旧陸軍養生舎（教職員組合事務所）、旧第二機銃廠（中部地方産業研究所附属生活産業資料館）、偕行社（愛知大学短期大学部本館、解体済み）の5棟のみが残されているのがわかります（表1）。

　一方、中央から北側には多くの旧陸軍施設建物が残っており、副門の脇に第一衛兵所・機銃廠（車庫）、北側に3棟の生徒舎（大学院、思草寮、翠嵐寮）、下士官集会所（化学館）、炊事場（寮食堂）、講堂（柔道場）、靴工場（合宿所）、自習室（サークル室）、大講堂（第二体育館）などがありました。今日の話は、こういう陸軍施設の建物がどのように作られ、また愛知大学さんによってどのように受け継がれてきたのかということです。配置図から分かるとおり、1976年の時点では多くの学生をキャンパス内に

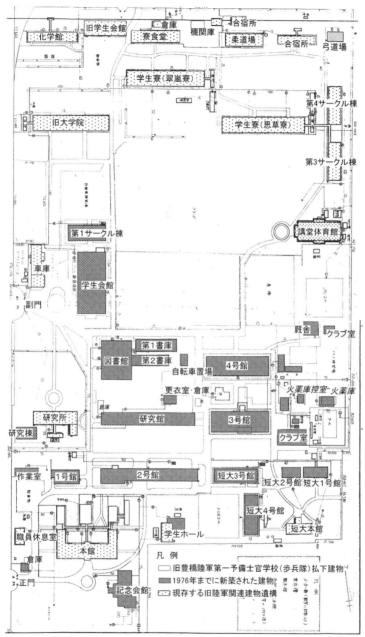

図1　1976年当時の主要施設建物（『愛知大学開学25年誌』より作成）

表1　2015 年時点で残っていた旧陸軍の主要施設建物

施設名	旧名	建物概要		増改築歴	備考
		建設年代	構造・外観		
旧綜合郷土研究所・中部地方産業研究所	歩兵第60聯隊将校集会所	明治41年（1908）	木造平屋建、日本瓦葺、下見板貼		
第二体育館	陸軍教導学校大講堂	昭和2年（1927）	鉄骨架構に木造壁、トタン葺、下見板貼	壁の筋交い増設、床張り替え等	
教職員組合事務所	陸軍養生舎	昭和2年（1927）	木造平屋建、日本瓦葺、モルタル刷毛引き		
中部地方産業研究所附属生活産業資料館	第二機銃廠	明治41年（1908）	木造平屋建、日本瓦葺、下見板貼		
愛知大学記念館	第15師団司令部	明治41年（1908）	木造2階建、日本瓦葺、下見板貼	1982 年と1997 年に耐震補強工事	
愛知大学短期大学本館（解体済み）	第15師団偕行社	明治41年（1908）	木造2階建、日本瓦葺、下見板貼	2015 年8月解体	調査済み
愛知大学公館（山田町石塚）	第15師団長官舎	明治45年（1912）	木造平屋建、日本瓦葺、下見板貼、和館併設		1998年豊橋市指定文化財。調査済み

住まわせ、学生の生活と学びの場が同じキャンパス内にありました。さらに、鉄筋コンクリート造の図書館の場所には旧陸軍の木造建物があり、これは教員の住宅として使われていました。そうすると、愛知大学は旧陸軍の施設建物を全活用して開学し、同じ敷地内に教員も学生も住むし、教育も行ってきたわけです。

　そうしなければならなかったのは、開学当初、大学も学生さんも金がなくて現存するものを最大限活用したためと思われます。そして、開学して20 年経ち、ある程度資金が貯まって老朽化した木造施設を鉄筋コンクリートで建て替えていったのでしょう。それでも 1976 年時点で、キャンパス北

側には旧陸軍の施設建物が結構数多く残っていたんです。6棟あった学生寮は3棟に減りましたが、煉瓦造の炊事場や講堂、鉄骨造の大講堂などが残っており、特に煉瓦造りの建物は木造施設の中で異彩を放っていたと思われます。現在、日本各地の旧陸軍施設の中で煉瓦造の建物の多くが文化財指定を受けており、これらが現在無くなっているのは大変残念なことです。

3　日清日露戦争と師団軍営地

　明治維新後、日本国内を治めるために主要大都市に軍管・鎮台が置かれ、それらが師団に昇格します。日清戦争に続き日露戦争が勃発すると、海外で戦う兵隊を養成する必要が生じ、それまでの12師団に加え、6師団が増設されることになりました。豊橋はこの師団誘致に成功するわけですが、その関連記録を豊橋市図書館などから山田先生がたくさん集めてくれましたので、今後、軍隊と地域の関係が明らかになると思います。各地の誘致の動機は、軍隊駐屯地ができれば地元の商売や仕事の機会が増え、経済が潤うためです。海外で戦ってくれる軍隊の養成を地域が支援するだけですから、地域社会には経済的恩恵が大きかったわけです。

　しかし、日中戦争勃発以後、状況は大きく変わり、日本では国家総動員法が施行され国民生活に様々な困窮が強いられます。現在、ロシアとウクライナの間に戦争が起きており、ロシア市民がそれを支持しているのか気になって、ユーチューブなどのサイトを見ております。ロシア人女性と結婚し、ロシア国内で生活する日本人男性が近況を報告しており、徴兵されることはないけれど、妻の名義で買ったスバルの4輪駆動の自家用車が軍に徴用されるかもしれないと危惧しておりました。こういうふうに、師団軍営地ができるだけならば経済が潤うから歓迎されるんでしょうが、戦争が激しくなって泥沼にはまると一人一人の生活に悪い影響が及びます。

　豊橋市は師団誘致に成功し、市も市民もとても喜びました。しかしながら、山田先生が集められた新聞記事にあるように、地域社会を巻き込んだ

事故とか事件とかも当然起きるわけで、負の側面も明らかになってきました。そういうことがあっても、全体とすれば大きな経済的効果があり、軍隊を歓迎したわけです。外征のために、外で戦う軍隊を養成するための基地として新たに作られたというのが豊橋の特徴の一つですね。

　明治21年、軍管・鎮台を廃止し、師団として再編成する際、政府は「師団指令部条例」という規則を出します。軍管・鎮台が江戸時代のお城の中に置かれたのに対して、これ以後は城外に広い土地を求めることになり、明治29年、政府は「兵営地選定に関する方針」という規則を定めます。これに基づいて、日露戦争以後の師団軍営地は作られていき、そして旧市街と一体となって軍都と呼ばれるようになりました。この方針では、師団は全国に均衡的に分散させること、その軍営地は市街地近傍で、具体的には市街地中心部から2里（7km）程度とし、広大で乾燥した清潔な土地であること、水の確保が容易であることなどが基準でした。

　政府が6師団増設を決定すると、各地の自治体が盛んに誘致運動を繰り広げ、最終的には明治41年、越後高田に第13師団、宇都宮市に第14師団、豊橋市近郊に第15師団、京都市近郊に第16師団が置かれることになりました。京都の第16師団は、指令部は町の中に置かれましたが、兵舎や練兵場というものが備えられず、ちょっと異例なかたちになっております。さらに、岡山市近郊に第17師団、久留米市に第18師団が設置されました。この合計6つがこの方針に基づいて作られた師団軍営地で、地域社会と一緒になって軍都ができあがりました。

4　師団軍営地の構造

　この方針が具体的にどのように適用されたのか見ていくと、図2の第13師団では指令部は越後高田に置かれますが、新発田市と長岡というように聯隊は分散配置されます。明治維新直後、高田城の主要建物は焼失し、その跡地に司令部や偕行社が建設されますが、聯隊兵営地としては狭く、堀

が埋め立てられて駐屯地が造成されました。

　図3は第14師団の宇都宮市で、駅から日光街道沿いに西方4キロメートルほど離れた郊外に広い土地が確保され、そこに司令部が開かれました。その廻りには、工兵、歩兵、騎兵、野砲兵などの部隊兵営地と衛戍病院が設けられました。司令官庁舎と偕行社は駅と指令部の間に置かれました。現在、宇都宮中央高等学校となっている敷地に煉瓦造の建物が一棟残っております。図4は第15師団の豊橋で、駅から田原街道沿いに南方2キロメートルほど離れた場所が選ばれ、そこに指令部と歩兵聯隊が配置され、その周辺に歩兵、野砲兵、騎兵、工兵の聯隊兵営地と衛戍病院が置かれました。現在の愛知大学キャンパス内には司令部と歩兵第60聯隊があり、この二

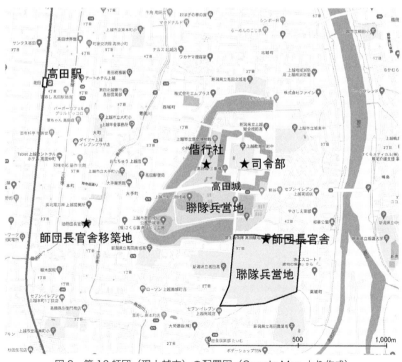

図2　第13師団（現上越市）の配置図（Google Map より作成）

つは土塁によって明確に分かれていました。また、聯隊兵営地から市街地に向かう角地に憲兵分隊が置かれていました。さきほどの山田先生の話でも出てきましたが、兵士が駅や市街地に行こうとすればこの憲兵分隊前を通ることになり、兵士らの行動を監視していたのだと思われます。

　図5は岡山の第17師団で、駅から北方2キロメートルほど離れた郊外にあり、丘陵部を背にしております。その南側に豊橋の師団と同程度の広さの土地を確保して、その南側に司令部、奥に聯隊兵営地がありました。指令部の建物は当初の位置から移され部分保存されており、また工学部の敷地には煉瓦造と木造の旧陸軍施設建物がそれぞれ数棟残っております。これについては後でお話しします。師団長官舎と偕行社は駅までの途中に

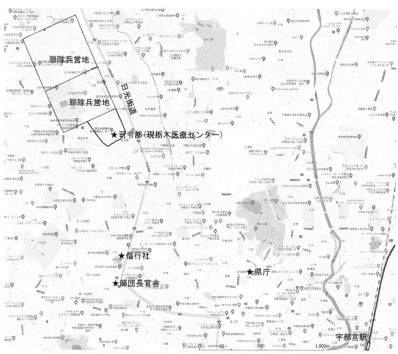

図3　第14師団 (宇都宮市) の配置図 （Google Map より作成）

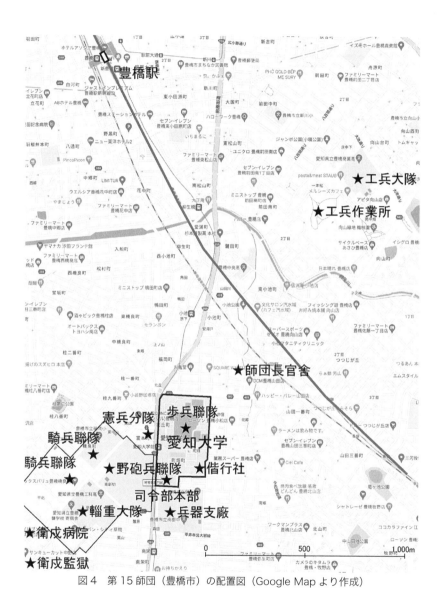

図4　第15師団（豊橋市）の配置図（Google Mapより作成）

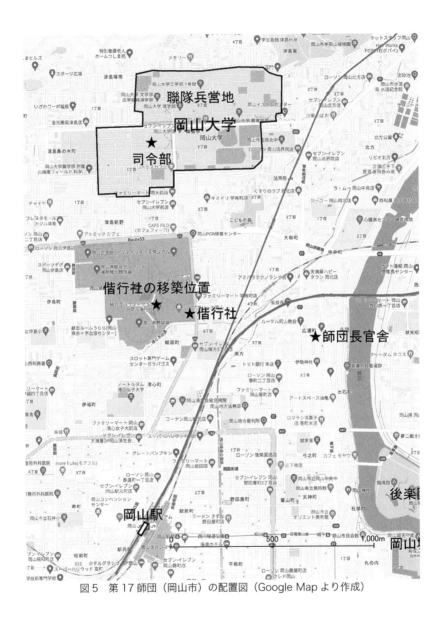

図 5　第 17 師団（岡山市）の配置図（Google Map より作成）

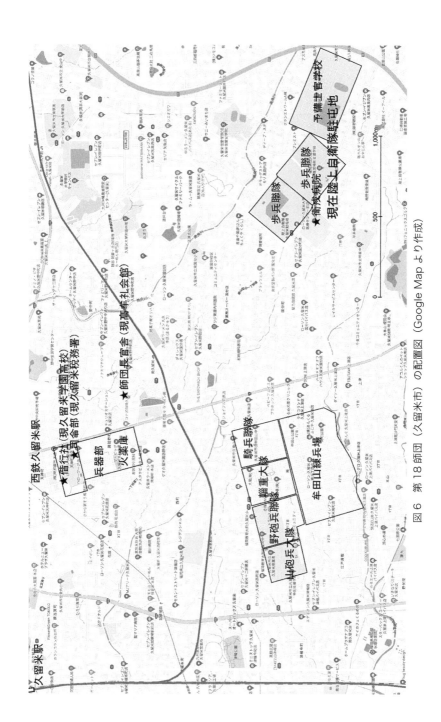

図6　第18師団（久留米市）の配置図（Google Map より作成）

表2　第13〜18師団の比較

師団	附属聯隊他	現在の土地利用	現存遺構
第13師団（高田）	歩兵聯隊のみ。新発田と長岡に分散	城址は上越市用地、兵営地は自衛隊駐屯地	師団長官舎（移築）
第14師団（宇都宮）	歩兵、騎兵、野砲兵の聯隊、衛戍病院	公立学校、栃木医療センター、民間払い下げ	歩兵聯隊倉庫
第15師団（豊橋）	歩兵、騎兵、野砲兵の聯隊、衛戍病院	愛知大学、公立学校、民間払い下げ	師団本部、師団長官舎、将校集会場、講堂、機銃廠他
第16師団（京都）	歩兵聯隊のみ。大津、敦賀、奈良に分散	聖母学院、民間払い下げ	司令部本部
第17師団（岡山）	歩兵旅団、歩兵聯隊	岡山大学	師団本部（部分）、偕行社、煉瓦造及び木造建物各数棟
第18師団（久留米）	歩兵、騎兵、野砲兵の聯隊、衛戍病院	自衛隊駐屯地、官公庁用地、公立学校、民間払い下げ	師団長官舎（高牟礼会館）、木造建物数棟

（「アジア歴史資料センター・グロッサリー」より作成）

あり、偕行社は現存しますが、師団長官舎は解体撤去されています。

　第13師団から第17師団まで、師団長官舎と偕行社は基本的に司令部敷地の外に、駅との中間地点に置かれましたが、豊橋の第15師団だけ司令部敷地内に偕行社も置かれました。この理由は分かっていません。図6の第18師団の久留米の場合、JR駅から東南方向に5キロ以上離れた郊外に歩兵聯隊が置かれました。その西に騎兵、輜重兵、野砲兵などの兵営地、衛戍病院が配置され、岡山、豊橋、宇都宮の三つの師団とよく似た規模と構成を持っていました。師団長官舎は現在高牟礼会館として活用され、また自衛隊駐屯地内部にも二棟のみ旧陸軍施設建物が確認されています。

　こうやってみてくると、分散配置された第13師団（高田市）と狭隘敷地の第16師団（京都市近郊）を除く4師団は既存市街地外れの微高地に立地し、同じような兵営地構成を持っていたことが分かり、さらに、その中で第15師団の施設遺構が一番よく残っていることが分かります。

5 師団廃止と関連施設の遺構

　師団の変遷を追いながら、豊橋ではなぜ旧陸軍施設遺構がよく残ったのか考えてみましょう。大正14年、いわゆる宇垣軍縮があって師団が廃止されることになります。しかし、今でもそうであるように、一旦できたものを廃止することは大変難しく、名目上は4個師団を廃止するが、同時に軍事力の近代化を図って別の組織として活かすわけです。その2年後、日中戦争が始まると、政府は下士官養成のために教導学校を日本国内に3か所ぐらい作りたいと考えます。旧第15師団のあった豊橋にその開設が決まり、昭和2年、旧歩兵第60聯隊兵営地で歩兵科が始まります。岩屋西にもう一つの教導学校があり、昭和8年、ここは第2教導学校として騎兵科と砲兵科が置かれました。この教導学校とともに、昭和13年、仙台と豊橋に予備士官学校が設置されます（図7）。こうして、第15師団を中心にした陸軍施設は、太平洋戦争終了まで使われ、空襲を受けずにすべてが残ったわけです。

　愛知大学キャンパスから草間一帯を写した戦前の航空写真を見ると（図8）、宇垣軍縮を経ながらも陸軍施設がまったく完全に整備され、維持管理されていたことがわかります。目に付くのは、現在の愛知大学キャンパスから草間にかけて大きな兵舎が整然と並んでいることです。第15師団敷地は教導学校と予備士官学校として使われていたことから、上海の東亜同文書院を母体の一つとする大学が戦後日本国内にキャンパスを探していたとき、ここに好条件が揃っていたわけですね。航空写真を見ると、現在の愛知大学のキャンパス内には6棟の兵舎、食堂や炊事場、校庭、講堂、教室、事務所、無数の便所などがあり、愛知大学の移転を待ち構えていたように施設が揃っていました。

　普通の学校とは違ったところもあって、副門を入ったすぐ前に円形庭園があり、鳥居と豊秋津神社がありました。1976年の愛知大学の施設配置図（図1）を見ると、そこにはこの円形庭園と神社はなくなっており、また、

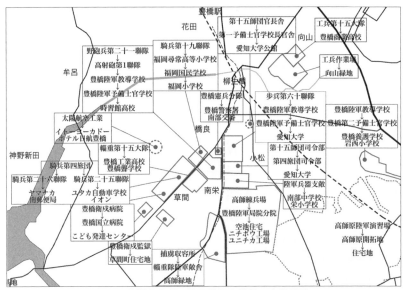

図7　豊橋市南部の陸軍施設と戦後の土地利用

図中のラベル：

豊橋駅

花田

牟呂

向山

神野新田

第十五師団官衙舎
第一予備士官学校長官舎
愛知大学公館

工兵第十五大隊
豊橋商業高校

野砲兵第二十一聯隊
高射砲第I聯隊
豊橋陸軍教導学校
豊橋陸軍予備士官学校
時習館高校

騎兵第十九聯隊
福岡尋常高等小学校
福岡国民学校
福岡小学校

工兵作業場
向山緑地

太陽航空工業
イトーヨーカドー
ホテル日航豊橋

輜重兵第十五大隊

豊橋憲兵分隊
豊橋警察署
南部交番

歩兵第六十聯隊
豊橋陸軍教導学校
豊橋陸軍予備士官学校
愛知大学

豊橋陸軍教導学校
豊橋第二予備士官学校
豊橋養護学校
岩西小学校

騎兵第四旅団
豊橋工業高校
豊橋聾学校

第十五師団司令部
第四旅団司令部
愛知大学
陸軍兵器支廠

騎兵第二十六聯隊
ヤマナカ
南郵便局

騎兵第二十五聯隊
ユタカ自動車学校
イオン

草間

南栄

南部中学校
栄小学校

豊橋衛成病院
豊橋国立病院
こども発達センター
陸軍衛成監獄
草間町住宅地

橋良

小松

高師練兵場
豊橋陸軍病院分院

空池住宅
ニチボウ工場
ユニチカ工場

高師原陸軍演習場
高師原開拓地
住宅地

捕虜収容所
輜重隊陸軍敵舎
高師緑地

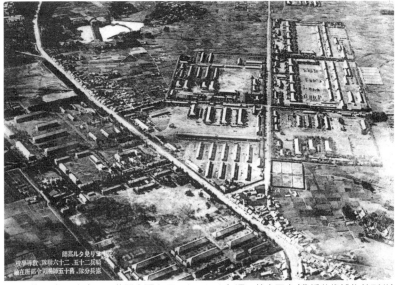

図8　第15師団上空から草間方面を写した1940年頃の航空写真（豊橋美術博物館所蔵）

34

6棟あった兵舎も3棟に削減されております。マックスバリューやユタカ自動車学校の敷地にも多数の兵舎があったのですが、どうもこれらは解体されて、どこかで再利用されたみたいですね。戦後の復興期には旧軍施設の木材は貴重でした。私が知っているのは、軍施設ではありませんが、二川の製糸工場の建物が解体され、浜名湖の北のほうのお寺に移築された事例があります。

　愛知大学にとって好条件だったのは旧陸軍の施設建物だけではなく、交通の便もあったかと思います。豊橋駅から聯隊兵営地を経て老津・田原方面に延びる渥美線鉄道は、軍事的目的もあったわけですが、第15師団跡地を譲り受けた愛知大学にとって願ってもない施設だったでしょう。大学前駅を作ってもらえば、豊橋駅から十数分で門に到着するんですから。愛知大学はこの敷地を国から無償提供してもらえば、初期投資がなくても開学できたわけです。実際、開学の1946年から15年間は無償で借り受け、1962年に正式に国から払い下げを受けます。

6　払い下げ図面

　払い下げ金額がどれほどのものであったのかはわかりませんが、愛知大学にとっては好条件であったことは間違いないでしょう。本日の大事な話になりますが、払い下げを受ける際に、愛知大学側は全施設建物を実測調査し、その価値を自分で査定し、名古屋管財局と交渉したようです。愛知大学公館の建築調査をした際、1961年末に愛知大学がこの建物について実測調査し、図面を作成したことは分かっておりましたが、豊橋キャンパス内の全建物について行っていたとは気付きませんでした。今回、昭和36年12月作成の払い下げ申請図面一式があることがわかり、その膨大な図面数に驚いたわけです（図9）。師団長官舎を含み、偕行社を除いて、84物件の施設建物に150枚ほどの図面があります（表3）。その中には、多数の縮尺1/20の矩計図面があり、普段見ることのできない基礎や小屋組が

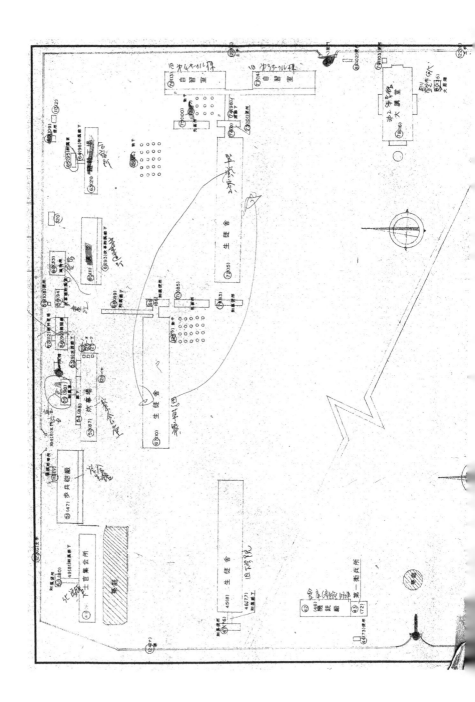

36

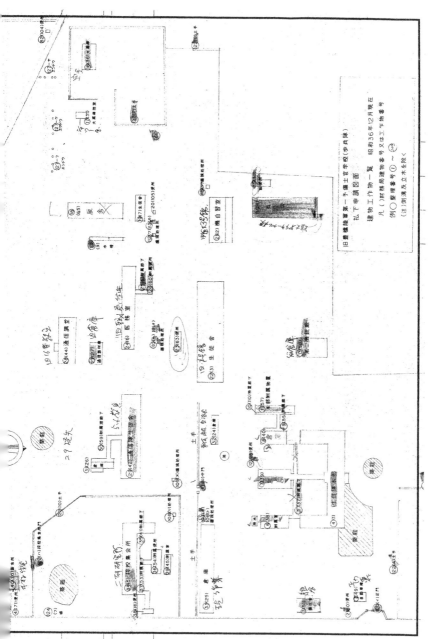

図9　払下申請図面配置図（1961年12月）（愛知大学所蔵）

1(49).自動車庫	41.便所
2(50).便所	42(46).機銃廠—倉庫
3(51).養生舎—組合	43(72).第一衛兵所‥
4(1).生徒隊本部	44(73).便所
5(37.)付属廊下	**45(8).生徒舎-旧大学院**
6(38).付属室	46(77).付属廊下
7(39).倉庫	47(76).付属便所
8(40).倉庫	**48(9).下士官集会所-化学実験**
9(55).付属廊下	49(81).同上付属廊下、
10(110).物置廊下	50(80).同上付属便所
11(57).本部付属物置	51(47).歩兵砲廠—学生食像
12(78).便所	52(87).炊事室（煉瓦造）—寮食堂、
13(58).第二機銃廠—仮倉庫	55(90).同上付属室—倉庫
14(4).兵舎—短大第4サークル棟	56(92).機関庫、
15.便所	57(112).燃料置場
16(36).火薬庫	58)94.炊事場付属庫
17(31).火薬庫控室—シャワー室	59(108).便所
18(65).厩舎	**60(11).講堂（煉瓦造）‥柔道場**
19(7).生徒舎	61(93).炊事付属廊下
20(105).便所	62(33).物置庫
21(2).機自習室-旧短大3号館	63(21).縫靴工場—合宿所
22(3).生徒舎-旧2号館	64(96).同上付属廊下
23(63).倉庫	65(95).同上付属家
24(6).医務室-旧職員住宅	66(109).便所
25.付属廊下	**67(10).生徒舎-風草寮**
26(60).付属便所	68(89).同上付属廊下
27(27).通信器材庫—旧倉庫	69(86).同上付属便所
28(44).通信講堂—旧16番教室	70(85).洗面所
29(42).通信隊生徒舎—5、6教室	71(83).同上付属便所
30(59).付属渡廊下	**72(15).生徒舎-翠嵐寮**
31(26).倉庫	73(101).便所
32(24).倉庫—自治会	74(98).渡廊下
33(25).倉庫—現作業	75(100).洗面所
34(5).将校集会所-二研研究所	**76(13).自習室-旧第4サークル棟**
35.付属廊下	**77(14).自習室-旧第3サークル棟**
36.付属便所	**78(16).大講堂（鉄骨造）--第2体育館**
37.付属廊下	79(103).便所
38.付属便所	80(35).火薬庫
39.付属家	81(102).便所
40(70).面会所—本村住宅	82.便所

表3 払下申請図面番号と建物（82物件、150枚）

詳しく描かれています（図10）。

　これは官から民に資産が譲渡されるときに必然的に行われるものですが、官から官への配置換えの場合、建物の構造と面積などの一覧表で手続きが行われるようです。岡山の旧陸軍兵営地には岡山大学が入るわけですが、岡山大学の野崎貴博先生の研究によると、1952年の「国有財産所管換調書」に津島と鹿田の両キャンパスに250棟の建物が記され、そのうち242棟が木造、8棟が煉瓦造であったことが分かっています。しかし、この調書には一覧表があるだけで、建物の図面はありません。前述したように、ほとんどが解体撤去され、キャンパス北側に煉瓦造建物2棟と木造建物3棟が残るのみです。久留米の師団跡地は、警察予備隊を経て自衛隊駐屯地になり、2棟の旧陸軍の木造建物が現存するほか、旧陸軍の施設建物の実測図面はないと思われます。宇都宮では、師団用地は公立学校や公立

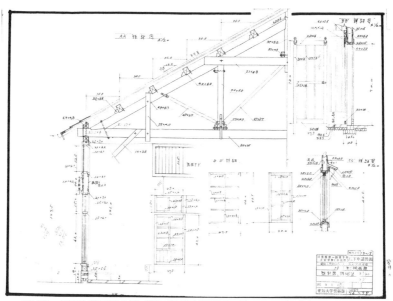

図10　払下申請図面の例（第二機銃廠矩計図、縮尺1/20）（愛知大学所蔵）

病院が入居し、旧建物は調査されず、1960年前後に鉄筋コンクリート造に建て替えられていきました。

　こうみてくると、ほとんどの旧師団ではその管轄下の施設建物は現存しておらず、また、その建築的記録もなく、愛知大学がいかに貴重なものを所有しているか分かると思います。豊橋キャンパス内に残る陸軍施設建築と、所蔵する払い下げ図面がいかに貴重なものかわかります。岡山大学敷島キャンパス内に残る食堂兼浴場と倉庫の煉瓦造建物とほとんど同じものが、愛知大学所蔵の払い下げ図面集の中にあります。同キャンパスの外に移築された旧将校集会所も同様で、旧第15師団のものが当時の姿のまま愛知大学の綜合郷土研究所・中部地方産業研究所として活用されています。他に、司令部は大学記念館として、教導学校大講堂は第二体育館として、養生舎は教職員組合事務所として、そして第二機銃廠は中部地方産業研究所附属生活産業資料館として用いられています。これだけの数の旧陸軍の歴史的建物が残され、活用されているところはありません。

　また、払い下げ図面を見ることによって、師団から教導学校時代までの完全な姿の状態の軍営地と建物の姿を知ることができます。岡山大学津島キャンパスと宇都宮中央高等学校に煉瓦造建物が老朽化した状態で残っているわけですが（図11）、それらと瓜二つの建物の竣工図面を愛知大学が持っているわけです。煉瓦の積み方、開口部の大きさと配置、換気のためのモニタールーフなど、陸軍は煉瓦造に関しては標準設計を持っていたことが分かり（図12）、これらの建物を修理保存する際に矩計図面は役に立つはずです。宇都宮の煉瓦造建物は倉庫として国登録文化財になっておりますが、実際は炊事場だったはずです。

図11　歩兵第66聯隊倉庫（現宇都宮中央高等学校）

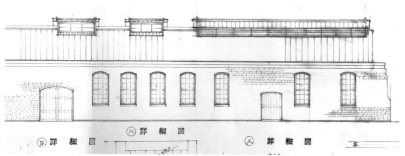

図12　払下図面、第一陸軍予備仕官学校炊事場（現存せず）（愛知大学所蔵）

7　個々の建物について

　共通して言えることは、すべての建物を取り囲むように側溝が配され、良好な排水処理計画がなされていることです。また、ほとんどの建物には独立した便所が併置され、渡り廊下で結ばれていました。大人数が密集して生活する軍営地にとって、衛生状態には特に気を配っていたはずで、それでこのような計画になったのだと思われます。

　司令部から兵舎まで基本的には木造で建てられていましたが、炊事や食堂は煉瓦造となっていました。おそらく火器を使うことや、臭いがこもっ

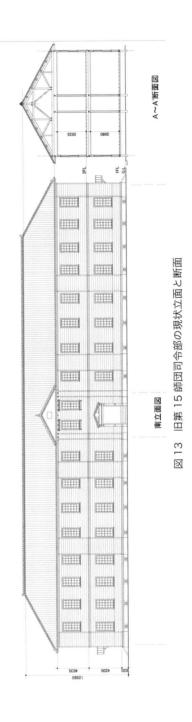

図13 旧第15師団司令部の現状立面と断面

42

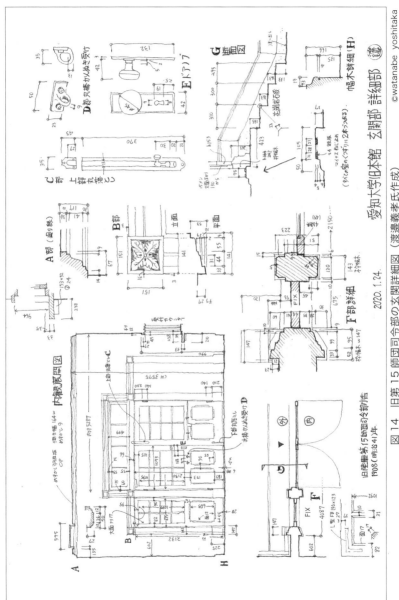

図 14　旧第 15 師団司令部の玄関詳細図（渡邉義孝氏作成）

43

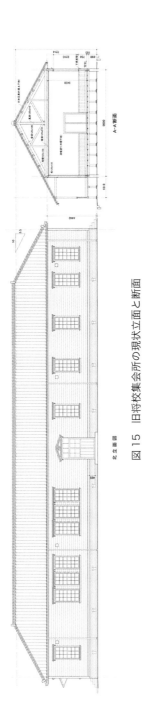

北立面図

A-A断面

図15　旧将校集会所の現状立面と断面

立面図

図16　旧第二機銃廠の現状立面と断面

てしまうことを考えてのことだと思われます。木造の場合、外壁は下見板貼りに日本瓦による寄棟屋根です。煉瓦造の場合、切妻屋根でした。

（1）司令部、現愛知大学記念館

　煉瓦造の第16師団（京都）司令部を除くと、増設6師団の司令部はみな木造2階建てで、豊橋と岡山の現存事例を見ると平面立面はほぼ同じです。しかしながら、岡山では建物の両翼部を解体撤去し、正面玄関部分のみを後方に曳き家して大学会館として利用しております。もともとは豊橋の物と同じように、幅56メートル、奥行き26メートルのコの字形平面をしており、正面にページメント（三角破風）が付きます。煉瓦造の基礎に軸組を組み上げ、下見板貼り、寄せ棟屋根としています。小屋組はクィーンポストですが、内側に斜材を入れております。一部外周に耐震壁が出てきていますが、それ以外はほぼ完全に建設当初の姿を留めており、1998年に国登録文化財となりました。

（2）歩兵第60聯隊将校集会所、旧綜合郷土研究所・中部地方産業研究所

　幅38メートル、奥行き11メートルの木造平屋建て建物で、煉瓦造の基礎の上に木造軸組がのります。外壁は下見板貼りとし、日本瓦葺きの寄棟屋根となっています。小屋裏に入って母屋の重なり具合から、小ホールとなっている部分は増築であることが分かりました。部屋ごとに床仕上げや天井仕上げが異なっており、詳しくは分かりませんけれども、喫煙室や書庫などとして目的毎に使い分けていたのかもしれません。増築部の床には、ビリヤード台脚を支えるように四角形の台座が見られます。北側の高い植樹がなくなれば、北側の庭園と一体となり、ずいぶんとこの建物の魅力が高まると思われます。さらにまた、この建物の周りに建設当初の側溝、便所、そして渡り廊下がそのまま残っており、軍が衛生環境に大変留意して施設建物を計画し、作ったのかこれをみると良く分かります。外観は建設当初

の陸軍施設の完全な姿をよく留めており、少なくとも国登録文化財としての十分な要件を満たしており、価値は高いと思います。

（3）第二機銃廠、現中部地方産業研究所附属生活産業資料館

幅約 11 メートル、奥行き約 18 メートルの平屋建ての建物で、連子付きの高窓があるのは機銃廠の特徴と思われます。司令部と同じように、約 11 メートルのスパンにクィーンポストの小屋組を掛けており、おそらく 10 メートルを越すスパンにはこのような洋小屋にするように、当時の陸軍に標準仕様があったように思います。

（4）陸軍養生舎、現教職員組合事務所

幅約 14 メートル、奥行き約 8 メートルの大きさの建物で、正面側に玄関ポーチが付きます。もともと将校集会場の東側にあったもので、愛知大学が払い下げを受ける前に現在の場所に移築しました。外壁はモルタル刷毛引きとなっており、当初からなのか移築したときに替えらえたのかははっきりしません。それでも、移築後 50 年以上がたっており、登録文化財としての要件は十分に備えています。

（5）陸軍教導学校大講堂、現第二体育館

養生舎と同じように、教導学校開校の昭和 2 年に建設されました。幅約 16 メートル、奥行き 40 メートルの鉄骨造建物で、昇降口はもともと正面側にしかありませんでした。室内の正面奥に舞台背壁が作られており、教導学校時代の写真を見ると、集会の時には移動式の演台が置かれました。L 字形鋼をラチスに加工して柱と梁を一体化し、それを 5 メートル間隔で並べて屋根を支えています。何度か耐震補強がされたらしく、鋼製ブレースが別々の箇所でリベットと高張力ボルトによって接合されている。このような架構技術は飛行機の工場や格納庫によく使われていたらしく、各

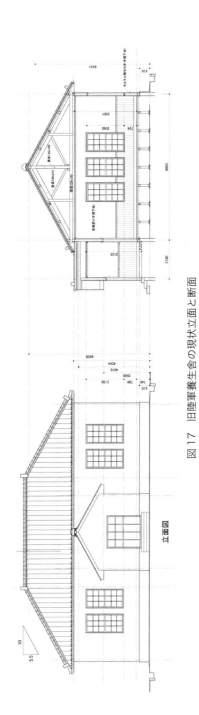

図 17 旧陸軍養生舎の現状立面と断面

図 18 旧陸軍教導学校大講堂の現状立面と断面

47

務ヶ原によく似たものが現存しております。正面昇降口の扉の引手や小窓、庇の持送りにアールデコ風な意匠が見られるし、また昇降口手前には円形庭園が造られました。これもまた、国登録文化財としての要件は十分にあります。

8 まとめ

　こう見てくると、愛知大学がどれほど旧陸軍の施設建物をよく残してくれているかが分かると思います。すでに旧師団長官舎は豊橋市指定文化財に、また司令部は国登録文化財になっており、他の4棟も国登録文化財としての要件は満たしており、可及的速やかに申請手続きにはいるべきでしょう。これら実際の建物からだけではなく、払下申請図面一式を通して、師団関連施設がどのように作られ、また、廃止後はどのように活用されてきたのか、さらに一つ一つの施設建物がどのようなものであったのか知ることができます。愛知大学はこのような大きな文化的資産を持っているので、大学の魅力として活かし、発信していってもらいたいと思います。

建築関係参考文献

・小野木重勝「陸軍第十五師団司令部庁舎—旧陸軍第十五師団兵営遺構の研究(1)」（『1992年日本建築学会関東支部研究報告集』299〜300頁）。

・小野木重勝「陸軍第十五師団師団長官舎—旧陸軍第十五師団兵営遺構の研究(2)」（『2000年日本建築学会大会梗概集』561〜562頁）。

・小野木重勝「陸軍第十五師団将校集会所・偕行社—旧陸軍第十五師団兵営遺構の研究（3）」（『2001年日本建築学会大会梗概集』366〜367頁）。

・愛知県教育委員会「愛知大学豊橋キャンパス内の旧陸軍関係建物」（『愛知県の近代化遺産』、2005年、260〜263頁）。

・泉田英雄「偕行社の建造物文化財調査」（『愛知大学綜合郷土研究所紀要』第58輯、2013年、235〜240頁）。

・豊橋市教育委員会『愛知大学公館（旧陸軍第十五師団長官舎）建築調査報告書』、
　2015 年。
・野崎貴博「津島地区とその周辺の陸軍関連施設について」（『岡山大学埋蔵文化
　財調査研究センター紀要 2005』、2007 年、11 〜 21 頁）。

豊橋に師団があった頃

山田　邦明

一　師団の設置が決定される

軍隊から学校へ

　豊橋は愛知県の東端、静岡県との境界のそばに位置する地方都市である。東海道線の駅があり、新幹線も停車するので、東京や大阪などに行くにも便利で、名古屋鉄道（いわゆる名鉄）や JR 飯田線の始発駅でもある。駅前からは路面電車（豊橋鉄道市内線、いわゆる市電）も出ていて、市役所や豊橋公園（吉田城址）には市電に乗って行くことができる。

　豊橋駅のすぐそばに「新豊橋駅」という駅があり、豊橋鉄道渥美線がここから出発する。田原駅までつながる 3 両編成の列車だが、15 分に一回のペースで発車しており、近隣の住民や学生にとってはありがたい存在である。新豊橋駅を出発して、柳生橋駅と小池駅を通過し、3 つめの愛知大学前駅に着き、ここで下車すると、すぐ目の前に愛知大学の門がある。学生がここから出入りするので、正門だと思われがちだが、実をいうとここは「副門」で、正門は少し南にある。愛知大学前駅ができるまでは、次の南栄駅で学生は下車し、ここから歩いて正門に入っていたという。

　愛知大学前駅のホームから前を見ると、国道 246 号が通っている。かつて「田原街道」と呼ばれていた道だが、この道の向こう側（西側）に愛知県立時習館高等学校がある。そしてその奥には、豊橋工科高等学校（最近まで豊橋工業高校と呼ばれていた）と豊橋聾学校があり、さらに県道 2 号

線（大崎街道）を越えると福岡小学校と中野小学校、それからスーパーマーケット（マックスバリューとヤマナカ）が並び、南に歩くと豊橋南郵便局に行き着く。ここでまた愛知大学に戻って南に進むと、南部中学校と栄小学校がある。愛知大学から南や西に広がる一帯には、こんなふうに学校やスーパーが並び立っているのである。

この一帯を歩いてみると、ひたすら平坦なところが広がっていることに気づく。豊橋から愛知大学方面に進む場合、小池駅のあたりは坂になっているが、この坂を上ると平坦な台地が広がっているのである。ふつうの台地にはそれなりの凹凸があるはずだから、どうみてもこれは自然のままの風景ではない。今から110年あまり前、明治41年（1908）から翌年にかけてこの地に陸軍第15師団が配置された時、自然の台地を削平して広大な平坦地が造成されたのである。

陸軍第15師団が配置される前のこの地域のようすは、明治26年（1890）に陸軍測量局が発行した「二万分の一地形図」からうかがうことができる（測図は明治23年）。現在の愛知大学校地やその周辺は人家や耕地がほとんどない台地で、その南には「高師原」という原野が広がっている。こうした自然の台地を削平して建物を築き、陸軍の師団を迎え入れたのである。

この一帯には陸軍第15師団のさまざまな組織が配置された。田原街道の東には、北から歩兵第60聯隊・師団司令部・兵器支廠が並び、田原街道の西には、やはり北から憲兵隊本部・野砲兵第21聯隊・輜重兵第15大隊が配置された。その西側、大崎街道の西には、北から騎兵第19聯隊・騎兵第25聯隊・騎兵第26聯隊が並び、やや離れて衛戍病院と衛戍監獄が置かれた（衛戍病院は大崎街道の西、衛戍監獄は街道の東にある）。そして兵器支廠の南には広い練兵場が設けられた。

第15師団の組織が配置されたのは明治41年（1908）から翌年にかけてだが、大正14年（1925）に軍縮政策の影響を受けて第15師団は廃止となってしまうので、師団がここに存在したのはあしかけ18年（実質的には16

年半）にすぎない。ただ、師団廃止後にもこの一帯には陸軍の組織が残り、豊橋陸軍教導学校や豊橋陸軍予備士官学校の敷地として利用された。昭和20年（1945）の敗戦により陸軍が解体すると、その跡地一帯の再利用が図られ、大学や高校・中学校・小学校などがここに置かれて現在に至っている、というわけである。陸軍は解体しているので、土地をめぐる問題は起きなかったし、建物はそのまま教室などとして利用できる。こうした好条件が重なって多くの学校がここに集まることになったのである。

　陸軍第15師団の各組織の敷地が、現在どのように利用されているか。第15師団があった当時の地図（19ページの見開きの地図）を参考にしながらまとめると、だいたい以下のようになるだろう。

　　　歩兵第60聯隊………愛知大学
　　　第15師団司令部……愛知大学
　　　兵器支廠……………南部中学校・栄小学校
　　　憲兵隊本部…………南部交番
　　　野砲兵第21聯隊……時習館高等学校
　　　輜重兵第15大隊……豊橋工科高等学校・豊橋聾学校
　　　騎兵第19聯隊………福岡小学校
　　　騎兵第25聯隊………中野小学校・スーパー Max Value など
　　　騎兵第26聯隊………スーパーヤマナカ・豊橋南郵便局など
　　　衛戍病院……………ほいっぷ（豊橋市保健所・休日夜間診療所）

陸軍師団のひろがり

　日本の長い歴史の中で、いわゆる「徴兵制」が布かれた時期はきわめて短い。7世紀から8世紀にかけて、朝鮮からの襲撃に備えるために人々が徴発され、防人となって北九州の防備に当たったことがあるが、この制度もまもなく廃止となった。大陸から海を隔てた島々で構成されている日本は、海の向こうの国々から侵攻されることがほとんどなかったので、対外

的な防衛力を具備する必要性がなく、そのため一般の人民が兵士として組織されるということにはならなかったのだろう。平安時代の後期、「武士」と呼ばれる人々が台頭し、彼らが治安維持などを担いつつ、やがて政治も司るようになる。戦国時代には列島各地に大名が並び立ち、多くの人々が戦いに動員されたが、統一政権が成立すると国内の戦いも収まり、長い平和が続くことになった。

　慶応4年（1868）に勃発した新政府軍と幕府軍の戦い（戊辰戦争）は、久しぶりに起きた本格的な内戦といえるが、この戦いに勝利した明治新政府は、国内の反抗勢力に対処するために一定の軍事力が必要と考え、軍制を整える政策を進めることになる。明治2年（1869）に兵部省が設立され、明治4年には天皇直属の軍隊である御親兵が組織され、列島の中の4か所に「鎮台」と呼ばれる軍事拠点が置かれた。東京鎮台、仙台の東北鎮台、大阪鎮台、熊本の鎮西鎮台がこれにあたる。明治5年には兵部省が分離して陸軍省と海軍省が設置され、御親兵は近衛兵と改称された。

　明治政府の軍隊を構成していた兵士の多くは、かつての藩に所属していた武士たちだったが、四民平等の世になったのだから、国防の任務も国民が等しく負うべきであるという理論がしだいに確立してゆき、やがて徴兵制が布かれることになる。明治6年（1873）1月、徴兵令が制定されるが、ほぼ同時に鎮台を4個から6個に拡充し、それぞれの鎮台の管轄区域を「軍管」と呼ぶことになった。ここで成立した軍団の構成は以下のようなものである。

　　近衛隊
　　第1軍管…東京鎮台
　　第2軍管…仙台鎮台
　　第3軍管…名古屋鎮台
　　第4軍管…大阪鎮台
　　第5軍管…広島鎮台
　　第6軍管…熊本鎮台

それまで存在した近衛隊・東京鎮台・仙台鎮台・大阪鎮台・熊本鎮台に加えて、名古屋鎮台と広島鎮台が設置され、近衛隊と6鎮台（6軍管）という体制になったのである。名古屋に鎮台が置かれたのはこの時で、名古屋鎮台（第3軍管）の下には歩兵第6聯隊と歩兵第7聯隊という二つの軍団が配置された。このうち歩兵第6聯隊は名古屋にあったが、第7聯隊の所在地は金沢だった。名古屋の鎮台は遠く離れた金沢の軍団も統轄していたのである。

　これから15年後の明治21年（1888）、明治政府は鎮台を「師団」と改称し、師団の下に「旅団」を配置するという、大がかりな制度改革を行った。師団という単位はドイツのDivisionに対応するものだが、「師団」という語句は中国の歴史（古典）に基づいて考案されたという。中国古代の周王朝の時代、軍隊の単位として「師」というものがあったが、これは5個の「旅」をまとめた部隊で、5個の「師」が集まると「軍」が構成される。軍—師—旅という重層的なシステムになっていたわけだが、これまでの鎮台はこの「師」に相当するので、人々の集団を示す「団」という文字を加えて「師団」と称したということらしい。師団の下に位置する組織も、同じく中国の故事に基づいて「旅団」と表現した。

　名古屋の鎮台（第3軍管）は、これから「第3師団」と呼ばれるようになり、その下には歩兵第5旅団と歩兵第6旅団が配置された。歩兵第5旅団は名古屋、歩兵第6旅団は金沢に置かれ、名古屋の歩兵第5旅団の下に歩兵第6聯隊と歩兵第18聯隊という二つの軍団が配置されることになった。このうち第6聯隊は名古屋にあったが、歩兵第18聯隊は豊橋の吉田城跡（現在の豊橋公園）に設置された。豊橋にもついに陸軍の軍団（聯隊）が置かれることになったのである。

　明治27年（1894）に日清戦争が勃発すると、日本陸軍は朝鮮に出兵、第3師団の兵士も従軍し、豊橋の第18聯隊は平壌の攻略などで功績を挙げた。翌年、戦いは日本の勝利に終るが、ロシアと向かい合う情勢になっ

たこともあり、明治政府はいっそうの軍備拡張を目指して師団の新設を企図し、明治31年（1898）には12の師団が並び立つ状況になった。この時点における陸軍師団の配置を一覧すると以下のようになる。

近衛師団（東京）
第1師団（東京）
第2師団（仙台）
第3師団（名古屋）
第4師団（大阪）
第5師団（広島）
第6師団（熊本）
第7師団（旭川）
第8師団（弘前）
第9師団（金沢）
第10師団（姫路）
第11師団（善通寺）
第12師団（小倉）

これまでみてきたように、名古屋の第3師団の管下には金沢の歩兵第6旅団が所属していたが、ここで金沢に師団（第9師団）が設置されたことにより、従来の第3師団の構成は大きく改編されることになった。第3師団の下には名古屋の歩兵第5旅団と豊橋の歩兵第17旅団が置かれ、歩兵第5旅団には歩兵第6聯隊と第33聯隊（いずれも名古屋）が所属し、歩兵第17旅団には豊橋の歩兵第18聯隊と静岡の歩兵第34聯隊が所属することになった。静岡に始めて歩兵聯隊が置かれたのである。

明治37年（1904）には日露戦争が勃発し、戦いは翌年まで続いた。こうした中、戦いを進めるために新たな師団（軍団）の編成が図られ、第13師団、第14師団、第15師団、第16師団という4つの師団が成立し、あわせて17個の聯隊がこれに所属した（歩兵第49聯隊から第65聯隊まで）。

兵士たちは大陸に送られたあと、終戦によって内地に戻り、国内での衛戍地（根拠地）が定まらないまま、習志野などに駐屯することになるが、政府はさらなる師団の増設を企図し、明治40年（1907）には第17師団と第18師団を編成することが決定された。新たに編成された師団は6個になったが、それぞれの師団が国内のどこに配置されるかが問題となり、各地で師団誘致運動が盛んに行われた。豊橋もその一つで、結果的に第15師団を迎え入れることになるのである。

師団はどこに置かれるか

　新たに編成された師団は日本列島のどこに配置されるか。陸軍省では極秘のうちに議論を進めていたと思われるが、師団が地元に来れば大きな人口増加をもたらし、経済も活性化するということで、列島の各地で師団誘致運動が展開された。師団の配置場所をめぐってはさまざまな情報が流れ、憶測が飛び交ったが、『新愛知』『新朝報』といった新聞記事から、そうしたありさまをうかがうことができる。『新愛知』は名古屋の新愛知新聞社（当時の住所は名古屋市本町9番戸）、『新朝報』は豊橋の新朝報社（豊橋市本町22番戸）が発行した日刊紙である。

　明治40年（1907）1月13日の『新朝報』に、「師団新設方面」というタイトルの記事が掲載された。「新設の二個師団および満韓駐屯の四個師団、即ち六個師団を内地に設置するに就ては、各地方より委員を派して運動せるものも少からざるが、今師団設置地を選定するにあたり、其筋において内定せる要項なるものを聞くに、大要左の如しと云ふ」と書き始めて、「其筋」すなわち陸軍省において内定した師団設置地としてふさわしい条件を列挙している。

　1　戦略上必要の地点なる事
　2　物資供給の便を有する事
　3　鉄道の如き交通機関を有する事

4　所管区内もしくは遠隔せざる地方に港湾を有する事

5　地方の盛衰に斟酌を加ふる事

6　徴兵人口の多少を参酌する事

　ここで示された項目の中で、ことに重要なのは地理的条件であろう。鉄道が通り、近くに港湾があって、物資の供給がスムーズにできるところが、師団を設置する場所として適切であると認識されていたわけである。

　この新聞記事では、こうした条件を勘案した時、師団はどこに設置されるだろうかということについても、一定の推測を述べている。関東では高崎か宇都宮あたり、北陸では越後方面、山陽道では岡山地方、九州では久留米か佐賀か、といった具合であるが、東海道については「第3師団と第4師団の管区を割いて、伊勢方面に一個師団を置くのでは」という推測を記している。

　半月あまりたった2月2日、『新愛知』と『新朝報』にほぼ同文の記事が掲載された。ここでは師団の設置地について、「たぶん九州に一個、兵庫以西の中国に一個、岐阜以西の東海道鉄道沿線に一個、東京以北に一個となるだろう」といった推測を述べているが、「東海道沿線においては岐阜以西に置かれるだろう」としていることは注目される。これはある記者の個人的推測だったようだが、この段階ではこうした憶測が飛び交っていたのである。

　東海道の沿線上のどこかに師団が置かれるらしいという情報を得て、豊橋の人々も誘致運動を始めた。2月7日に市長の大口喜六が市会議員の小木曽吉三郎ともに上京して、師団設置の請願を行ったようで、両人が豊橋に帰ったあとの2月17日、市の参事委員・市会議員と各大字の惣代が豊橋市高等小学校に集まって会議を開き、「豊橋市師団設置期成同盟会」を組織し、市民を挙げて10万円を限度とする寄附を行う決心で請願運動を進めることが決定された。参事委員・市会議員・各大字惣代の中から選ばれた15名が委員となり、委員長には市長があたり、常務委員は9名とい

う体制で、師団設置期成同盟会はその運動を開始する。2日後の19日には、大口市長が市会議員2名を伴って再び上京した。

　東海道沿線にある多くの都市が、同じ頃に請願運動を開始することになった。2月22日の『新愛知』紙面に、東京支局の記者が作成した記事が掲載されているが、「ある記者が、岐阜以西の近畿方面に一師団が設けられるだろうという想像通信を発したあと、静岡県民は、静岡こそ東京と名古屋の中間にあるので好位置だといい、滋賀県民は大津か彦根だろうと独り喜んでいるようだが、この方面の候補地で優勢なのは、遠州の浜松と丹波の福知山だ」というように、各地の人々の動きを記したあと、自身の推測を述べている。静岡や浜松も候補地の一つとしてとらえられていた。

　上京した大口市長が豊橋に帰ったあと何を語ったかは定かでないが、豊橋が師団設置地として有力だという噂は流れていたようで、2月26日の『新朝報』には、「聞くところによれば、わが豊橋市が師団設置地として有力な候補地であることは、的確な事実として疑う余地がない」といった記事が掲載された。2月20日の陸軍省会議で、師団を豊橋か沼津に置くことが決まったが、師団設置地に必要な条件を勘案すると、沼津より豊橋のほうが優勢だと、この記事には書かれている。ここでは浜松に聯隊が置かれるという情報もみえるが、浜松においても師団誘致運動は展開され、2月27日に市長と市会議員が請願のため上京している。

　3月4日に大口市長は3度目の上京を果たすが、3月18日の『新朝報』の紙面に「豊橋に確定？」という目立った見出しをつけた記事が掲載された。「豊橋が新設師団の基地として確定したと、東京のある方から電報があった」とここにはみえる。この頃には師団の場所は決定していたらしく、3月24日の『新愛知』に、「師団新設地確定」というタイトルの記事が出された。「師団新設地はいよいよ左の通り御裁可あいなりたり」ということで、第13師団から第18師団までの設置場所を列記している。

　　第13師団　高田

第 14 師団　宇都宮

第 15 師団　豊橋

第 16 師団　京都

第 17 師団　岡山

第 18 師団　久留米

　師団が豊橋に設置されることが、ついに確定となったのである。続いて問題になるのは、どういった組織が配備されるかだが、まず豊橋と静岡に歩兵旅団が置かれ、歩兵聯隊は豊橋に２個、浜松と静岡にそれぞれ１個配置されることになり、3 月 27 日の『新朝報』にそうした情報が載せられた。4 月 11 日の『新朝報』には、どういう組織がどこに置かれるかということについて、より詳細な一覧が示されている。

　　豊橋…師団司令部、歩兵一個聯隊、砲兵一個聯隊、工兵一個大隊、輜
　　　　　重兵一個大隊、二等衛戍病院、兵器支部、憲兵隊、騎兵旅団司
　　　　　令部、騎兵二個聯隊

　　静岡…歩兵旅団司令部

　　飯田…聯隊区司令部

　　浜松…歩兵一個聯隊、三等衛戍病院、憲兵分隊

　第 15 師団の司令部は豊橋に置かれたが、すべての組織が豊橋に集中したわけではなく、静岡県の静岡と浜松、長野県の飯田にも一定の組織が配置されることになったのである。その後の変更がないわけではないが、この段階で陸軍第 15 師団の構成がおおよそ定まっていたことがうかがえる。

　豊橋の歩兵第 18 聯隊と、静岡の歩兵第 34 聯隊は、これまで名古屋の第 3 師団の管下にあったが、今後は第 15 師団の下に置かれることになった。第 15 師団の設置によって第 3 師団も編成替えを余儀なくされ、愛知県の三河地方は第 3 師団の管下から離れたが、岐阜県の岐阜と三重県の津に新たに聯隊が置かれ、第 3 師団に属することになった。

臨時陸軍建築部と名古屋支部

　列島各地に師団6個を配置するというのは、明治政府にとっても一大事業である。師団を設置する場所を整備したり、多くの建物を建てたりする必要があるが、そうしたことを統轄する組織として、新たに「臨時陸軍建築部」が設立された。明治40年1月13日の『新朝報』の紙面に、臨時陸軍建築部を東京に設置する予定があるという記事が掲載されているが、もとの砲兵課の跡地に本部が建てられ、4月1日から仮の事務を開始したようである。

　4月12日の『新朝報』に、師団増設に伴う兵営などの建築に関わる方針を伝える記事が掲載された。司令部の庁舎や兵舎、病院などの建築については、東京に新設された臨時陸軍建築部が統轄し、各地に置かれた「支部」は、主計官・陸軍技師以下20〜30名で組織し、兵営新設地には「派出所」を置いて、その付近にある支部がこれを統轄すると、ここには書かれている。東京にある臨時陸軍建築部の本部が全体をまとめ、列島各地に支部を置いて、この支部がそれぞれの師団の建築を担うという構想が固められていたのである。

　2日後（4月14日）の『新愛知』『新朝報』の紙面には、新設師団の経営方針に関わる具体的な記事が掲載された。『新愛知』には、「12日の東京からの電話による」と記載されているので、東京にいる新愛知新聞の記者が12日に名古屋の本社に電話をかけ、これをもとに名古屋で記事が作られて、2日後の新聞に掲載されたということのようである。『新朝報』の記事もおおよそ同文なので、新愛知新聞社で作成した記事を、新朝報社でそのまま借用したということなのかもしれない。その内容は次のようなものである。

　　右新設師団経営方針につき、当局者に就て聞く処によれば、新設師団としては、その衛戍地に最も近い旧師団、即ち高田は金沢、宇都宮は

仙台、豊橋は名古屋、京都は大阪、岡山は姫路、久留米は小倉を姉妹
師団とし、すべて新師団はこれに倣はしめ、模範兵の如き、交互姉妹
師団より補給する筈にて、新師団の完成するまでは、総て姉師団と密
接なる関係を有せしむる方針なりと云ふ。

　新設師団は高田・宇都宮・豊橋・京都・岡山・久留米に置かれることになっ
たが、この師団が完成に至るまでは、いちばん近くにいる師団が「姉師団」
としてその経営にあたるようにという方針が出されたという情報が伝えら
れていたのである。豊橋に置かれる第15師団の場合、近くにあるのはも
ちろん名古屋の第3師団だから、第3師団が師団の整備や兵舎の建築など
をリードしてゆくことになる。
　5月12日の『新愛知』には、昨日の東京からの電話によるとして、名古
屋に置かれた「建築支部」が、陸軍第15師団の建築を担当することになっ
たとの情報を掲載している。この「建築支部」は、臨時陸軍建築部の支部
で、正式には「臨時陸軍建築部名古屋支部」と呼ばれる組織だった。第15
師団における兵舎などに関わる業務は、名古屋の陸軍第3師団が責任を持
ち、同じく名古屋にある臨時陸軍建築部名古屋支部が担当して進めること
になったのである。

用地買収をめぐって

　豊橋に師団が置かれることは決まったものの、司令部や兵舎などがどこ
に配置されるか、具体的なことはまだわからない状況だった。4月15日に
大口市長が新川尋常小学校で師団敷地に関する報告会を開いたが、翌日の
『新朝報』の記事によると、このとき市長は「師団の敷地は、停車場の東、
西宿の裏から花園・中柴の裏に至る一帯と、大池西方の三本松から中学校
付近までの一帯、および二連木から八名郡に通ずる街道東方一帯、さらに
高師原と牟呂吉田村に一か所ずつで、合計48万4000坪になる」と報告し

たというが、実際に兵舎などが配置された場所とは大きく異なっており、市長がどういう根拠を基にこうした報告をしたのかはよくわからない。

師団が配置されれば人口は増加し、経済の発展が期待できるが、敷地を確保するには住民から用地を買収する必要があり、関係しそうな住民にとっては死活問題だった。渥美郡高師村大字福岡の住人20名は連名の歎願書を作って陸軍大臣に提出し、5月16日に受領されているが、「耕作地などを御買い取りになられては、農民は困難に陥るので、できるだけ山林や原野を選んでいただきたい」とここには書かれていた。この歎願書はいったん受領されるが、関係部署で回覧の後、2日後には返却されている。6月にも高師村の大竹喜助らが陸軍大臣に歎願書を提出するが、陸軍省ではこれを受理せず、そのまま愛知県知事に送付している。「住民からの直接の訴えは受理しない」というのが、陸軍省の基本姿勢だったようである。

やがて師団司令部や兵営の配置場所もおおよそ決まったようで、6月22日の『新朝報』には、「東部に歩兵隊、西部に騎兵旅団をはじめ特設部隊を建設するとのことらしい」という情報が記載されている。渥美郡高師村の大字福岡・磯辺・高師にまたがる一帯に軍隊が配備されることになり、用地買収の交渉が開始されたが、価格をめぐる問題がすぐに浮上する。7月9日、大字福岡の住民たちが連名して内務大臣あての「哀願書」を作成して提出しているが、そこに記載された哀願の内容は次のようなものだった。

　　買収の金額については、地価の10倍の金額に、一反につき100円の割合の買増金を加える予定だということで、私たちもいったんは承諾したが、事情が変わってしまった。土地の価格が急騰して、失った土地を他所で補填しようとしても、この金額ではとても購入できない。そういうことなので、御買上の価格を増やしてほしい。

哀願書に連名した住人は125名に及び、高師村長の吉原祐太郎も哀願書

の奥に署名捺印してバックアップした。内務省ではいったんこれを受理し、陸軍省に引き継いでいる。

　土地買収をめぐる個別の交渉は続けられたが、価格に納得しない住民が多くいて、交渉は難航をきわめた。8月22日には福岡に土地を持つ牟呂吉田村の住民たちを渥美郡役所に集め、個別の交渉が行われた。翌日発行の『新朝報』によれば、午前中に2名が了解しただけだったというが、25日に発行された『新愛知』には、「牟呂吉田村字牟呂の農民は結局買収に応じることになり、福岡字橋良の地主も説諭によってほぼ承諾したようだ」と記されている。ほんとうのところはよくわからないが、地域住民に対する説諭が進められる中、ある程度の人々は交渉に応じるようになっていったようである。

　こうした渦中の8月28日、向坂健太と芳賀惣次郎の両人が、橋良の住人の歎願書を抱えて陸軍省に赴き、願書を提出するという一件が起きた。わざわざ東京に赴いて直接願い出るという挙に出たのである。ところがこのことを察知していた臨時陸軍建築部名古屋支部の支部長が、前日（27日）の正午に陸軍次官石本新六（臨時陸軍建築部本部長もつとめていた）にあてて電報を出し（電報の発信者は愛知県知事の深野一三）、「彼らの願いを採用されては他に影響するので、却下してほしい」と申し出ていた。向坂と芳賀が東京に着く前に、名古屋からの電報が届いていた、というわけである。電報を受理した臨時陸軍建築部本部の梅地庸之丞は、向坂と芳賀の両名を諭して願書を却下し、「どうしても出願したければ、願書は地方庁を経由して提出するように」と指示した。「地方庁」というのは愛知県を指すが、愛知県知事が「住民の訴えを受理しないように」という電報を出しているという現状では、愛知県に願書を出しても認められる見込みはなかったのである。

　9月になっても住人たちの運動は続く。9月13日に福岡の住人たちは内務大臣原敬にあてて哀願書を提出し、「御買上金については、地価の20倍

に加え、一反歩につき200円以上の買増金を払うということにしていただきたい」と申し入れた。このころには師団の整備計画も策定され、最初に輜重兵（第15大隊）の兵営を建設することになり、そのための敷地確保が急務となったが、買収に応じない住民がいるので、強制的に土地を収用する「土地収用法」の適用を認めてもらうしかないとの判断に至ったようである。9月27日に臨時陸軍建築部本部長（石本新六）から陸軍大臣（寺内正毅）にあてて申請書が提出され、10月23日には内閣総理大臣（西園寺公望）の名で、土地収用法の適用を認可するとの裁定が出された。

　買上価格を上げてもらうため、住民たちは東京の内務省や陸軍省に直訴を繰り返したが、なかなか受け取ってもらえず、関係者の説諭に応じて受諾する人が増えていったようである。前記した9月27日の石本新六の申請書には、「地主の大部分は県庁から指示した、畑一反につき平均200円という価格で買収を承諾した」と書かれていて、畑一反につき200円というのが目安になっていたことがわかる。7月9日の福岡住民の哀願書には「買増金は一反につき100円ということで、いったんは承諾した」とあり、9月13日の福岡住民の哀願書には「買増金は一反につき200円以上にしてほしい」と書かれていた。詳しいことはわからないが、住人による運動が続けられる中、陸軍の側が提示する金額もしだいに上り、住人たちとの妥協が成立した、ということなのかもしれない。

二　大工事をして軍隊を迎える

土工事が進められる

　列島の各地に新たに設置される陸軍師団の建築工事については、東京の臨時陸軍建築部本部が全体を統轄し、以前から存在する師団が近くに置かれる新師団の造営を担当し、その師団のあるところに臨時陸軍建築部の支部が設置されて、この支部が新師団の建設作業を実質的に担うことになった。豊橋の第15師団の場合、名古屋の陸軍第3師団が責任を持ち、臨時陸軍建築部名古屋支部が直接の担当者となるという形で、具体的な作業が進められた。明治40年6月4日、臨時陸軍建築部員の中野広（陸軍中佐）が豊橋を訪れているが、彼はそのあと臨時陸軍建築部名古屋支部の支部長になったようで、9月2日には支部長の立場で豊橋を訪問している。9月13日の『新愛知』の紙面には、「敷地買収と登記の手続きもほぼ終え、敷地の地均し工事に着手するのは11月頃になりそうだ」という見通しを示す記事が掲載された。

　名古屋で刊行している『新愛知』の紙面には、さまざまな公告を掲示する欄があるが、10月15日の公告欄に、豊橋の輜重兵大隊の兵営新築などの工事の入札公告が掲示された。臨時陸軍建築部名古屋支部の公告という形をとり、その文面は「豊橋輜重兵大隊営新築および富山歩兵旅団司令部新築、浜松・岐阜・富山各衛戍病院建物周囲下水その他工事を入札に附す」というものだった。豊橋だけでなく岐阜・浜松・富山などでも工事が進められ、すべて臨時陸軍建築部名古屋支部が担当していたわけだが、豊橋の輜重兵営の新築もその一つとして、競争入札に付されることになったのである。

　10月21日、臨時陸軍建築部本部長の石本新六から陸軍大臣寺内正毅にあてて伺書が提出された。「豊橋輜重兵営建物周囲下水その他工事の件」というタイトルで、申請内容は以下のようなものである。

新設の豊橋輜重兵営新築建家と地平均などの工事については、すでに
御認可を受けているが、これに属する建造物周囲の下水などの工事に
ついても、同時に入札を執行したほうがいいので、別冊の設計書・図
面の通り施工することにしたい。経費仕訳書を添えて、このことを申
請する。

　石本新六は陸軍次官でもあり、陸軍大臣に次ぐ地位にあった。寺内正毅
と石本新六は陸軍のトップで、ともに東京にいたわけだが、新設師団の建
設に関わる申請は臨時陸軍建築部本部長（石本）から陸軍大臣（寺内）に
あてて伺書を出すという形式で進められた。豊橋の輜重兵の建物建築と土
工事については、以前に伺書を出して認可されていたが、建造物の周囲
に設置する下水溝などの工事についても許可を得る必要があるということ
で、こうした伺書が作成されたのである。許可申請にあたっては「設計書」
と「図面」、さらには必要経費を明記した「経費仕訳書」を提出するとい
うのが基本だった。工事を進めるにあたっては、工事の内容ごとにこうし
た伺書を出さねばならなかったが、そう時間を置かずに認可がなされると
いうのが一般的だった。この時の申請に対する認可が下りたのは、申請か
ら9日後の9月31日である。
　輜重兵営建設工事の競争入札は順調に行われたようで、名古屋の福田組
が請け負い、12月1日から起工することになった（『新朝報』11月26日
号）。12月3日、石本新六（臨時陸軍建築部本部長）が陸軍大臣にあてて
伺書を出して「豊橋憲兵隊本部」「衛戍監獄」敷地の土工事（地均し工事）
の許可申請を行い、12月16日には「第15師団司令部」「衛戍病院」敷地
の土工事、25日には「豊橋兵器支廠」「歩兵第60聯隊営」「騎兵第19聯隊営」
「野砲兵第21聯隊営」敷地の土工事に関わる許可申請をしている。輜重兵
営に続いてほかの組織の敷地の土工事を進めていったわけだが、まとめて
許可申請するのではなく、いくつかのグループに分けて、順次申請を重ね

ていくという方法をとったのである。はじめに申請したのは憲兵隊本部と
衛戍監獄だが、軍隊を受け入れるにあたって最初に建築すべきなのは憲兵
隊本部と監獄だという考えがあったのかもしれない。

　12月25日の『新愛知』に、豊橋の工事の請負入札にかかわる公告がま
た出された。臨時陸軍建築部名古屋支部が前日に発信したもので、「豊橋
工兵営敷地および井戸堀、同輜重兵営井戸堀、ならびに岐阜歩兵営将校集
会所、同兵器庫および銃工場、同乾燥および清涼火薬庫新築その他工事を
入札に附す」という内容である。第15師団の開設にあたっては工兵隊（第
15大隊）も設置することになり、その場所は豊橋市の向山に決まっていた。
輜重兵営の土工事に続いて工兵隊の兵営などの敷地の土工事を行うことに
なり、井戸の掘鑿と合わせて競争入札に付すことになったのである。すで
に土工事を進めている輜重兵営においても井戸の工事が必要なので、これ
もあわせて請負業者を募った。

　年明けて明治41年（1908）。輜重兵営の土工事は順調に進み、1月14日
の『新朝報』には「輜重兵営の土工事は完成し、引き続き工兵営の土工事
に着手する予定である」との記事が掲載された。1月18日には石本新六（臨
時陸軍建築部本部長、陸軍次官）が豊橋を訪れて駅前の岡田屋に泊まり、
高師原の視察を行った。2月3日には石本新六から陸軍大臣にあてて、豊
橋輜重兵営の井戸に「喞筒室」（ポンプ室）を置きたいという許可申請が
なされた。兵営では井戸工事を進めていたが、予測以上に深く掘ることに
なったので、吸水のために喞筒室が必要になった、ということのようであ
る。2月8日には第15師団長の中村覚が豊橋に来訪し、翌日高師に赴いて
師団の新設工事を視察した。21日には石本新六から陸軍大臣にあてて、輜
重兵営の土塁などの工事についての許可申請が出されているが、「火薬庫
の土塁については建物新築工事の申請の際に許可を得ているが、実測の結
果変更が必要となったので、あらためて申請する」といった追記がみえる。
輜重兵営の建設工事は順調に進んでいたが、工事を進めていく中で細かな

変更を余儀なくされることもあったのである。

　豊橋に最初に到着するのは輜重兵だが、それまでに兵営の建築を完了することは不可能なので、輜重兵はとりあえず高師原にある乗馬隊の廠舎に入ることになった。しかし現状のまま受け入れることはできず、建物の修理や、新たな建物の建築が必要になる。2月26日、第3師団経理部長の岡田稲三郎が陸軍省経理局建築部長にあてて電報を出して、高師原廠舎の修繕についての依頼を行い、3日後には岡田から陸軍大臣にあてて、この工事に伴う旅費などに関わる伺書が提出された。3月3日、陸軍省軍事課から第15師団長にあてて、輜重兵第15大隊を3月下旬に高師原乗馬隊廠舎に移転させよとの指示が出された。輜重隊が豊橋に来る時期がここで決定されたのである。

　3月15日の『新朝報』に、「豊橋師団工事」と題する詳しい記事がみえ、工事の進捗状況を伝えている。その内容は以下のようなものである。

- 新設第15師団の敷地42万坪の地均し工事は、昨年12月3日に着手し、今は工夫三千余名を督励して進めている。今月中には竣成の見込みで、4月上旬からは建築物や溝渠・井戸堀・下水落しの諸工事に着手し、遅くとも12月の新兵入営期までには完成の予定である。
- 輜重兵大隊の一部は陸軍省の都合により、いま高師ヶ原にあるバラック27棟のほか、被服庫・演習材料庫・車輌庫・営倉ほか3棟を増築して、新兵舎落成期まで一時ここに仮収容する予定である。
- 輜重隊は来たる24〜25日頃、今の仮泊所である習志野を出発して、3月末に高師ヶ原のバラックに到着の予定であるので、同所では目下、木村組・田村組の請負で、大工・人夫三百余名を使役して工事を督励している。周囲の築堤は9分9厘竣成し、一昨日（13日）から建前に着手し、20日頃には必ず落成させる予定であるという。

師団司令部や兵舎などの敷地の土工事は順調に進み、4月からは建物などの建築に移行する予定になっていたようである。また輜重兵隊がとりあえず入営する高師原乗馬隊廠舎における建物の修理と増築も、木村組と田村組の請負のもと、着実に進められた。土工事に携わった工夫が3000余名、高師原廠舎工事で使役された大工・人夫が300余名というのは、そのまま信用できるかわからないが、たいへんな数の人々がこの工事に関わったことはまちがいないだろう。

　習志野にいた輜重兵第15大隊は、予定通り高師原廠舎に来着し、3月29日までには全員の到着が完了したようである。名古屋にあった臨時陸軍建築部名古屋支部も、豊橋にいたほうが都合がいいということで、渥美郡役所の楼上に移転し、3月30日に開庁して業務を開始した。師団司令部や兵舎などの建築工事に関わる業者については、3月24日に指名入札がなされ、大阪の大林芳五郎（大阪市東区北浜町）が師団司令部・歩兵第60聯隊・騎兵第19聯隊・砲兵第21聯隊・兵器支廠・憲兵隊本部と向山の工兵第15大隊の工事を請け負い、梅本金三郎（愛知県西春日井郡金城村）が輜重兵第15大隊と衛戍病院、丹羽与三右衛門（岐阜市西材木町）が衛戍監獄の新築工事を請負うことが決まった。輜重兵営の土工事などについては公告を出して競争入札をしたが、今回はあらかじめ業者を特定して競わせる「指名入札」の方法がとられた。そして入札の結果、工事のほとんどの部分を大阪の大林芳五郎（大林組）が請負うことになったのである。

資材を運ぶ

　土工事から建物の建築へ、多くの人を集めて工事は進められたが、なによりの課題となったのは、大量の資材を早く運搬することだった。こうした課題に対処するため、臨時陸軍建築部が豊橋停車場から新設兵営地の間に「軽便軌道」（軽便鉄道）を敷設し、トロッコに資材を載せて軌条の上を運ばせるという方法を立案した。こうした計画を実現させるためには地

元の了解が必要ということで、渥美郡長（木原勝太郎）が臨時陸軍建築部の要望を受け取り、高師村長の吉原祐太郎にこのことを伝えて、村会の意見をまとめて返答してほしいと頼んだ。明治40年2月8日のことである。別紙で送付した図面の通り、高師村の道路や水路を横断したり、そのすぐそばを使用したりするところもあるので、こうした工事をしてもいいか意見を聞きたいということだった。依頼を受けた吉原祐太郎は2日後の10日に村会を開き、「交通や治水に害が出ないよう相当の設備をしたうえで施工されるのであれば、特に支障はない」ということで話をまとめ、その結果を決議書にまとめて渥美郡長に答申した。

　村側の了解を得たうえで、東京の臨時陸軍建築部は工事施行のための手続きを進めた。2月29日、石本新六（臨時陸軍建築部本部長）から陸軍大臣にあてて、この軽便軌道の敷設に関わる許可申請が出されたが、「軽便軌道の工事を鉄道庁に委託することについて、鉄道庁総裁とすでに協議済みなので、ご許可いただきたい」と伺書には記されていて、実際の軌道敷設作業は鉄道庁が行う予定だったことがわかる。3月5日に申請は認可され、2日後に石本新六は再び伺書を出して、軽便軌道敷設に関わる材料運搬費を示した。軌条や台車、浮舟賃などにかかる費用で、総計で1715円72銭ということだが、軌条の長さは3.6哩（マイル）という記述もあり、計画されていた軽便軌道の長さが推測できる。

　この軽便軌道は豊橋停車場と工事現場を結ぶものだが、これとは別に、牟呂の港と現場を直接結ぶ軽便軌道を敷設しようという計画も立てられることになった。3月31日の『新朝報』に「牟呂臨港軌道」と題して、この計画に関わる記事が掲載された。

　　新設第15師団建築用材料の大部分は、渥美郡牟呂港より陸揚げして、
　　日々牛馬車や荷車など、数百台で運搬しているが、貨物は日々に堆積
　　して、目下の状態ではとうてい運搬することは不可能なので、これに

供用する目的で、高師村の芳賀太市、牟呂吉田村の芳賀保治、大阪の大林芳五郎等の諸氏が発起人となり、「牟呂臨港鉄軌」を敷設するということである。その内容を聞くと、師団所在地から牟呂港に至る全長約25町の軌道で、最急勾配の箇所は60分の1、ここに3線の鉄軌を並設する計画で、目下測量をしつつあるが、この工事が竣工した暁には、毎日1500噸（トン）から2000噸の貨物を運搬するのはたやすくなるので、師団建築工事の進捗を助けること著しいものがあるだろう。

　木材をはじめとする資材は舟で牟呂の港に陸揚げされ、そこから牛馬車や荷車で工事現場まで運んでいたわけだが、この道はかなりの勾配で、こうした方法の運搬には限界があった。ここに軌条を設けてトロッコを利用できるようになれば、大量の資材を短時間で運搬できるというわけで、地元の有力者と工事請負人の大林芳五郎が発起人となって、計画を立ち上げたのである。その後、大林芳五郎・芳賀太市・芳賀保治の3名から郡長を通して出願がなされ、4月29日に開催された高師村の村会で、「道路を横断して軌道を敷設するところでは、道路に踏切板を鉄軌と同じ高さに敷き、また側溝には雨水などの排泄を阻害しないような設備を施し、常に番人を置いて危険のないようにする」ということを条件に、軽便軌道の敷設を認めるとの決定がなされた。この時の高師村の答申書（郡長あて）には、軌道が里道を横断する場所が「字狐穴2ヶ所、字坂口、字九郷、字切払2ヶ所、字小森、字荒切」というように明記されていて、この軽便軌道のルートを推測する手がかりになる。

　牟呂港から工事現場に直行する軽便軌道を敷設する計画を立てていたこの時期に、船で資材が運ばれる柳生川の河口付近の空地（柳生川尻樋管南方空地）に材料置場を設置するという企画も立てられた。大林芳五郎の代理人が郡長を通して高師村に了解を求め、4月16日に開催された高師村会で了解を得た。船で運ばれた大量の資材はいったんこの空地に集積され、

そこからトロッコで丘の上まで運ばれたものと考えられる。

　牟呂港から工事現場に直接つながる軽便軌道については、関係した人々が言い伝えてきたようで、昭和60年（1985）に刊行された『福岡　むかしと今』（豊橋市立福岡小学校校区誌編集委員会編）にも「このトロッコ押しの仕事は、高い賃金が支払われたため、近郷近在の人たちはもちろん、遠くの方からも多くの人たちが働きに集まりました」「トロッコの線路は、行きが2線、帰りが1線ありました。だいたい2人1組で押し、女の人も働きました。沿線には居酒屋もできたほどです」と記されている。

　豊橋停車場から師団の工事現場に通ずる軽便軌道については、関連史料がほとんどないが、ひとつの新聞記事が、この軌道がたしかに存在したことを伝えてくれる。8月29日の『新朝報』に掲載された、悲しい事故の記事である。2日前のこと、豊橋市大字清水の鈴木多三郎の長女で、12歳になるヨシノという少女が、師団新設工事に雇われている父親と同道して、午前10時頃に豊橋駅から工事場まで、板をトロッコに満載して押していったが、兵器所の西の入口に着いて、左方の軌道に転じようとした時に、どうしたはずみか板を積んだまま梁の中に転落し、亡くなってしまったと、ここには書かれている。「兵器所の西の入口」というのは、かつての兵器支廠の西門で、現在は南部中学校の西にあたり、陸軍時代の門柱と哨舎が遺されている。豊橋駅からまっすぐ南に進んでいった親子は、この場所で左の軌道に転じようとしたわけで、そのまま進めば門を通って兵器支廠の中につながっていたものと推測される。そしてこの新聞記事には「豊橋駅から工事場までトロッコを押した」と書かれているので、豊橋停車場から師団建設地に通じる軌道がたしかに存在したことが確認できるのである。

　このしばらく前、8月12日の『新朝報』に、豊橋市の松山にあった軽便軌道に関わる記事がみえる。過日の暴風雨で松山にある勘解由製糸場が浸水してしまったのは、専用の軽便軌道が敷設されていて排水が妨げられたからだということで、大林組が損害賠償を請求され、3000余円を支払った

というのが記事の内容だが、これから松山のあたり（おそらく勘解由製糸場の西側）に「専用の軽便軌道」が敷設されていたことがわかる。大林組が責任を問われていることからみて、これは臨時陸軍建築部が企画して敷設された軌道ではなく、建築工事を請負った大林組が自前で作った軽便軌道だったと推測される。これ以上のことはわからないが、大量の資材を円滑に運ぶために、いくつもの軌道が敷設され、多くのトロッコが行き交っていたのである。

排水路の整備計画

　大規模な土工事（地均し）によって、きわめて広大な平坦地が造成された。軍隊の生活や訓練のためには、土地は平らであるのが適切だが、自然の台地に手を加えたことで、新たな問題が浮上することになる。自然の台地には草や木が繁っているので、雨が降っても水は土の中に浸みこむが、草を刈って土を固めた造成地の場合、水は土の中には入らず、大雨が降ると大量の水が平坦地の側面に流れ出して、周囲の人家や耕地に多大の損害を与えることになる。また、師団の設営によって多くの人や馬が平坦地の上で生活することになるので、たくさんの廃棄物が下水溝に流し込まれて「悪水」が増加し、これをどう処理するかも大きな課題になるのである。こうした排水の問題に対処するためには、師団司令部や各聯隊など、それぞれの組織の周囲に幅の広い「下水溝」を設け、さらにこうした下水溝から流れる悪水をまとめて海に放出させる大きな「排水路」（排水溝）を確保する必要があった。このうち前者の「下水溝」については、土工事を始める段階から認識されていたようで、兵営などの周囲の土塁の外に、幅の広い下水溝が設けられた。工事の開始にあたって作成された「敷地工事設計書」（師団司令部・歩兵第60聯隊・野砲兵第21聯隊・騎兵第19聯隊・憲兵隊本部・衛戍病院・衛戍監獄に関わるものの写が、豊橋市図書館に所蔵されている）には、下水溝（土塁外下水溝）に関わる記述もみえるが、多くの

下水溝が幅2尺や3尺で、普通の下水溝より格段に大きい。こうした下水溝の多くは現在も遺り、その姿をとどめている（写真1）。

　大雨などの災害に対処し、多量の悪水を処理するために、きちんとした排水路（排水溝）が必要であるということは、陸軍省の側も早くから認識していたようで、渥美郡長（木原勝太郎）に基本方針が示され、郡長がこれを高師村長（吉原祐太郎）に伝えて、高師村会の意見をまとめてほしいと頼んだ。明治41年1月14日のことである。排水路の造成については、臨時陸軍建築部名古屋支部で原案を作成していて、小浜方面に排出する2つの線については変更の可能性があるが、それ以外は原案通り認め、排水路が完成したあとは村が保管することにしてほしいというのが、陸軍側が示した内容だった。高師村では2月4日に村会を開いて、排水路の維持を村で引き受けることを了承し、「排水路の位置に関してはだいたい異議はないが、詳細については実測の際に意見を述べることになるだろう」と付け加えている。

　4月18日の『新朝報』に、師団設置に伴う附帯事業に関わる記事が掲載

写真1　下水溝（福岡小学校の北辺）

されたが、その中には排水路についての記載もみえる。「下水道は、師団司令部裏より柳生橋下に向かって一線、また高師原のカラ池（空池）から梅田川河口に向かって一線、なおまたハシラ池（橋良池）より牟呂港に向かって一線と、都合三線を開鑿する予定のようだ」という内容で、このときすでに3つの排水路の整備・造成が企画されていたことがうかがえる。5月24日に開かれた高師村の村会では「内張川・山田川・小浜線に係る15師団排水に要する工事費の全額を其筋に請求する」ことが決定された。費用の合計は5万7980円36銭だったが、その全額の負担を陸軍側に求めるという決議がなされたのである。

　この決議書には「内張川」「山田川」「小浜線」と、3つの排水路の名称が明記されている。4月18日の『新朝報』の記事にみえる「師団司令部裏より柳生橋下に向かって一線」というのが「山田川」、「ハシラ池より牟呂港に向かって一線」というのが「小浜線」、「高師原のカラ池から梅田川に向かって一線」が「内張川」にあたるとみていいだろう。

　排水路の整備計画は漸次進められ、陸軍側から郡長を通して高師村に諮問があったようで、7月13日に高師村では村会を開いて意見をまとめて決議書を作り、村長から郡長に答申した。この決議書の内容は詳細で、具体的なことがかなりわかる。

　　本村大字福岡地内山田川を改修して、上流に支流を新設し、師団司令部・歩兵聯隊・兵器廠の悪水を流出させ、また橋良・小浜方面には一つの幹線流を新設し、いくつかの支流を受けて、騎兵三営・砲兵・輜重・病院・監獄・憲兵本署の悪水を、牟呂吉田村大字牟呂に向け流下することとし、幹流となる2つの川の工事は陸軍省において行い、その工法は、流域面積に最大雨量を基礎として、永久的方法により相当の修築をし、被害の出ない程度に山田川を拡張改修し、また一面には新川を掘鑿することについては、新設師団が誕生する結果なのでやむをえ

ないことと認めるので、将来危険がないようであればあえて差し支え
はない。

　ここで問題になっているのは前記した「山田川」と「小浜線」であるが、
どこから出る悪水をどう流すか、具体的なことが記載されている。「山田川」
については、福岡地内を流れる山田川を改修して、上流に支流を新設し、
師団司令部・歩兵第60聯隊・兵器支廠から排出される悪水を流すとして
おり、田原街道の東に並ぶ官舎や兵営などから出る排水は、台地を下った
ところを流れる山田川を利用して海に流す（山田川は下流で柳生川に合流
し、そのあとは柳生川を流れて海に至る）という計画が立てられていたこ
とがわかる。一方の「小浜線」は橋良・小浜方面に新設する排水路で、い
くつかの支流を受けて、騎兵第19聯隊・騎兵第25聯隊・騎兵第26聯隊・
野砲兵第21聯隊・輜重兵第15大隊・衛戍病院・衛戍監獄・憲兵隊本部か
ら排出される悪水を牟呂方面に流すとあり、田原街道の西側にある兵営な
どから出る排水については、新たに排水路を開鑿して対処する計画だった
ことが確認される。こうした計画について村側では、「工事は陸軍省が行
い、最大の雨量にも対応でき、永久に利用できるような修築をしてもらえ
れば異存はない」と回答している。陸軍第15師団が設置されることになっ
たのでこうした問題が起きたのだから、水害などに対応できるよう、きち
んとした排水路を造成するようにと、陸軍省に対して要求したのである。
　村側の了解をとりつけたうえで、まず山田川の修築と新水路開鑿のため
の手続きが進められた。7月30日、臨時陸軍建築部本部長の石本新六が陸
軍大臣にあてて伺書を提出し、工事の許可を求めているが、この伺書はこ
の工事の必要性についても具体的に書かれている。

　　新設第15師団諸部隊が所在することになる高師原一帯の地には、従
　来溝渠の設備がなく、雨が降っても、畦畔や耕作物などがあるので、

自然に地中に浸透していくという状態だったが、師団諸部隊の建築に伴って、営内の降雨は主として土地の傾斜面を流れ下り、収容量に限りがある付近の溜池や小川に集まってくるので、暴雨が発生するとたちまち氾濫し、附近の耕地に損害を与えることが少なくない。そういうことなので、計画説明書と図面の通り、下水溝の流末である山田川を修築し、新水路を開鑿して、悪水を海中に放流することにしたい。

　師団設置に伴う土木工事の結果、どういう問題が起きるか、端的に書き示して排水路整備の必要性を説いているのである。この伺書の追記部分に「本工事の調査は愛知県に委託している」という記載がみえるが、工事申請の認可を得たすぐあとの９月１日、石本新六はあらためて陸軍大臣に伺書を提出し、測量などの調査だけでなく、工事実施に至るまでの一切のことについて愛知県に委託したいと要望している（回答はすぐには得られなかったが、愛知県も了承したため、翌年の４月にようやく認可が出ている）。

　かつて高師村の村会で、排水路を村で維持することをした際に、「排水路の場所の詳細については測量の際に意見を述べることもありうる」と村側は回答しているが、整備計画が進められる中、村のほうから要望を出すということも実際になされた。10月12日に開催された高師村会では、陸軍側から提示された排水路の案について、「大字福岡字橋良の鯰池へは注入させないで、その側面を迂回してほしいが、そのほかについては差し支えない」という形で回答することに決定し、答申を出している。鯰池（なまずいけ）は今も存在する池だが（柱八番町に所在）、これは耕地を潤す用水を湛えていて、排水路がここを通れば、兵営などから出た悪水が入りこんできて都合が悪い。だからこうした池には通さず、そのそばを迂回する形で排水路を開鑿してほしい、というわけである。この要望は受け入れられたようで、現在も遺る排水路（師団都市下水路）は鯰池を通らず、その北東面を迂回しながら流れている。

山田川の修築についてはすでに認可を得たが、師団司令部や歩兵第60聯隊営などの構外から山田川につながる排水溝を新設する必要が生じたので、石本新六は10月23日に陸軍大臣に伺書を出し、新設工事の許可を求めている。この伺書には追記があり、「この工事を施行すると、すでに認可を得ている歩兵第60聯隊営内の下水溝についても、改築・移築や新設の必要が生じるので、これもあわせて認めてほしい」と書かれている。師団設置に関わる工事については、下水溝の工事なども含めて詳細な計画書を作り、陸軍省に申請して認可を得ていたわけだが、工事を進める中で変更を余儀なくされるケースもかなりあったものと思われる。

建築工事と労働者

　大林組などの請負業者も決まり、建築工事は本格的に開始されたが、たいへんな数の人々が雇われて働いていたので、トラブルが起きることもあった。5月19日の『新朝報』には、2日前に起きた大工たちの「同盟罷工」(いわゆるストライキ)のことを伝える記事がみえる。大林組の下請けをしていた沢田鶴之助が、突然現場から離れて大阪に帰ってしまい、別の下請人が現れたが、鶴之助と契約していた約500名の大工たちが、団結して「罷工」を行い、一人も現場に出てこなかった、というのである。原因は賃金の不渡りだったらしい。

　このもめごとまもなくも収まったらしく、『新朝報』の5月21号には、「高師原に設置する兵営などについては、目下500余人の大工を督励して建築工事に従事中なので、遅くても来たる10月までには竣工するだろう」という見通しが記されている。なおこの記事には向山の工兵第15大隊の兵営などについての記載もあり、「ここに置かれるのは大隊本部と兵舎3棟・将校集会所・酒保・諸倉庫・庖厨・浴室・衛兵所などだが、大隊本部はすでに半ば竣工し、他は土台石の据え付け中で、兵舎の完成期は遅くても7月下旬になる予定だという」と書かれている。工兵隊営の工事のほうがや

や先行して進められていたようである。

　このころ工事を進めていたのは、この年の冬に現地に到着する軍隊のための建物などであったが、こうした軍隊のほかに、新たに編成された騎兵聯隊2個も豊橋に置かれることが以前から決定されていた。新設の騎兵旅団は盛岡と豊橋に置かれる予定で、盛岡の旅団は「騎兵第3旅団」、豊橋の旅団は「騎兵第4旅団」と命名され、豊橋の旅団のもとに「騎兵第25聯隊」「騎兵第26聯隊」という2つの聯隊が配置されることになった。この騎兵聯隊が豊橋に来るのは来年の予定だったが、この聯隊を迎えるための準備にも着手する必要が出てきた。5月になって陸軍省軍務局軍事課から臨時陸軍建築部本部長（石本新六）に「騎兵旅団の兵営建築は明治42年4月末日までに完成させるように」という指示が出され、8月13日に石本新六から陸軍大臣に、豊橋の甲騎兵営敷地の土工事の施行を許可いただきたいとの伺書が提出された（騎兵第25・26聯隊を「甲騎兵」、第19聯隊を「乙騎兵」ということもある）。この申請は8月22日に認可となり、まもなく騎兵25聯隊・26聯隊の兵営の土工事が開始されたようである。

　6月16日の『新朝報』に「師団工事現況」という見出しで工事の進捗状況が記載された。その内容は次のようなものである。

　　高師ヶ原における第15師団工事は、その後着々と進捗して、すでに4分通り竣工している。昨今、師団司令部は壁付けに取り懸かり、来月中旬頃までには全部出来上がる予定である。騎兵営舎3棟と砲兵営舎は屋根葺きに着手した。輜重兵営舎などは建前をしつつあり、10月末までには師団全部を竣工させる予定のようである。

　建築工事はおおむね順調に進んでいたようだが、トラブルや災害によってうまく進捗しない、ということもあった。8月6日の『新朝報』には、工事下請人の主だった者が5〜6人も逃走してしまったので、商人たちだ

けでなく下働きの大工も損害を蒙り、賃金を貰えていない職工は百人あまりに及ぶといった記事が掲載されている。まもなくして暴風雨が襲い、建築中の兵舎・倉庫4棟と、牆壁作業のための多数の小屋が倒壊して、大林組は一万円余りの損害を蒙ったようである（『新朝報』8月12日号による）。

　こうしたこともあったが、苦難を乗り越えながら工事は急ピッチで進められた。8月25日の『新朝報』には、「第15師団司令部はすでに竣工して、本日、建築請負者の大林組より臨時陸軍建築部名古屋支部に引き渡す予定である」と記されている。まもなく石本新六（臨時陸軍建築部本部長、陸軍次官）が豊橋に来て、新設兵営の工事を視察した。工事の様子を見た石本は「工事は予定通り進捗している。なかには設計に反し、部分的に手抜き工事をしているものも発見したので、これらに対しては改築を命じておいた。概して工事はうまくいっている」と語ったという（『新朝報』8月29日号）。工事が進む中で余分な木材も生じたようで、大林芳五郎はこうした残りの木材を偕行社の建築のために寄附したいと、9月10日に第15師団長（中村覚）に申し出ている（このあと中村が申請書を陸軍大臣に提出し、10月14日に認可を得ている）。

　9月18日、陸軍省軍務局軍事課から軍隊の移転に関わる指示が出され、第15師団の各隊の豊橋（高師原）への到着期は11月で、高師原廠舎にいる輜重兵大隊は兵営完成次第新営に移転することが伝えられた。ここには歩兵第60聯隊に関わる注記があり、「この聯隊については3大隊分の兵舎に全聯隊を繰り合わせて収容する」と記載されている。

　10月になると来訪する軍隊の歓迎式の計画が具体化してゆく。歓迎会は愛知県知事深野一三の主催で行い、予算は一万円と決定したが、師団長の中村覚中将は「一万円の大金を雲散霧消するのは惜しいので、むしろ地方民が師団を迎えた永久の記念として、師団の営庭などに植栽する樹木を寄附してしてほしい」と希望を述べ、これが受け入れられて、一万円の10分の1、千円くらいを割いて樹木の寄附をすることになったようである（『新

愛知』10月9日号、『新朝報』10月10日号）。

　軍隊の到着に間に合わせるために、工事は急ピッチで進められた。10月15日の『新朝報』には「過日の暴風雨の被害で少なからず進行が遅れ、受け渡しの期日に間に合わないかもしれないということで、請負者である大林組では、その後職工を増加し、昼夜兼行で工事を督励しているので、遅くとも本月末には竣工できると断言している」という情報を載せている。ただこれに続いて「ただ歩兵聯隊の兵営などは、まだ7〜8分通りしかできていないので、大丈夫かと懸念する人もいる」という断り書きがみえる。結局歩兵60聯隊の兵営工事は完成しないまま軍隊を迎えることになるが、このことは早くから予想されていたのである。

　なんとかほとんどの工事は終了したが、歩兵第60聯隊の兵営だけは間に合わず、2大隊分の兵舎に3大隊分の兵士を収容することになったようである（『新朝報』11月11日号の記事による。このことについてはすでに西澤泰彦氏が『愛知大学公館（旧陸軍第十五師団長官舎）建築調査報告書』4ページで指摘されている）。

　習志野を出発した軍隊は予定通り豊橋に到着し、11月17日、高師原練兵場で盛大な歓迎式が挙行され、夜には豊橋の歩兵第18聯隊練兵場で大宴会が開催された。17日の『新朝報』では、第15師団に関わる特集記事を設け、師団設置の経緯、師団所在地の現況、営舎の建築と関係者のことなどを詳細に書き連ねているが、最後のところに、「全国無比」という見出しで、この師団が誇れる点をいくつかとりあげている。

　・今ここにあるもののほかに騎兵旅団が配置されるが、東京以外で一
　　箇所にこれだけ多くの兵が駐屯するところは、全国をみまわして
　　も存在しない。
　・新設の練兵場14万坪に続いて、陸軍の軍用地は約100万坪もある。
　　このような大面積と好適の位置を有する練兵場は他に類がない。

その上、梅田川の境界を隔てて天白原の砲兵射撃地がある。東西3里、南北2里、面積は2000町歩で、これらを合わせれば百万の兵を動かすことができる。

・新設の兵営には煙突が立っている。これは炊事場に蒸気缶を応用したためで、蒸気は鉄管を伝わって各所に分配され、飯を炊くのも菜を煮るのも、風呂を沸かすのも、15分で一度にできる。

・そのほか、従来板張り石積みだった厩舎の床に「サルハイド」を張ったので、持久性があり、馬の衛生上も益する所が多い。

　台地を削平したことにより多くの兵営を集中的に確保できたわけだが、その南にきわめて広大な練兵場が用意できるというのが、この地域のなによりの特長だった。いろいろある候補地の中から豊橋が選ばれたのも、近くに練兵場が確保できるという自然的環境によるものだったと考えることができる。師団敷地の南に大練兵場（演習地）を確保するというのは、早い段階からの方針だったようで、対象となる二川町・高豊村・高師村・老津村の人々に対し、用地買収の交渉が始められた（広さは約250万坪）。陸軍側の要請に対して、養蚕が発達しているので桑田を開墾したいなどと言って山林や原野の売り惜しみをし、価格を不当につりあげる人もいたようで、明治41年2月10日に石本新六（臨時陸軍建築本部長）が陸軍大臣に申請書を提出し、このままでは円満な買収協議ができないので、土地収用法の適用を認めてほしいと頼んでいる。3月17日には内閣総理大臣（西園寺公望）の認可を得たが、すぐに土地収用法を適用するというわけではなく、住民（地主）との交渉が続けられ、約53万円で全体の収用を終えることで話がまとまったようである。人家があるのは高豊村大字七根の宝事堂だけで、耕地も少なく、ほとんどが山林や原野だった（『新愛知』9月3日号）。

　大工などの職人や、資材や土砂を運搬する人々など、たくさんの労働者

を集めて工事は進められ、山場をようやく越したが、こうした労働者はいったいどこから来たのだろうか。もちろん彼らの名簿などは遺されていないが、新聞記事の中に彼らの出身地を明記したものがわずかに存在する。軍隊の大歓迎会から8日後、11月25日の『新愛知』に、高師村大字福岡で起きた刃傷事件に関わる、以下のような記事が掲載された。

　　昨23日の午後0時30分頃、福岡の佐藤藤吉方で事件が起きた。原籍岡山県都窪郡菅生村大字前原974番地、平民日雇業の宗元治（27歳）と、自称神戸市御行通3丁目74番地、平均日雇業平太米吉（35歳）の両人は、ともに第15師団の工事に従事していた者だが、この日、長らく師団工事に従事していたのだから、懇親会でも開こう、ということで、前記した佐藤方で、他の朋輩4〜5人とともに酒宴を催していた。ところが、「酔いては件の如し」で、元治が米吉に向かい、冗談半分に、「お前の皿の肴は俺のより大きい。それからお前は俺より酒を余計に飲むから、会費の割増しを要求する」と言ったのを、米吉は真に受けて、「人を莫迦（ばか）にするな」というや否や、鉄拳を振り上げて元治に殴りかかった。…

　宴席で起きた事件で、このあと米吉が鰺切庖丁を取って元治に斬りつけて重傷を負わせ、駐在所の巡査が駆け付けることになるが、ここで注目したいのは、新聞記事に掲載された2人の出身地である。宗元治の原籍は岡山県都窪郡菅生村で、平太米吉は自分は神戸市御行通の出身であると自称していた。岡山県や神戸といった遠方から来ていた人がいたことを、この記事から確認できる。
　翌年（明治42年）の2月20日には、豊橋市向山にある工兵第15大隊の近くで、工事監督が刺されて負傷するという事件が起きた。捜索の結果加害者が逮捕されたが、27日の『新愛知』の記事によれば、加害者は徳島

県美馬郡岩村164番の大工前田国太郎（40歳）、徳島県美馬郡真光町36番の大工大橋竹八（24歳）、富山県西砺波郡福光町の大工柴田文蔵（29歳）の３名だったという。ここでも彼らの出身地（原籍）が明記されているが、徳島県や富山県出身の大工も豊橋に来て建築工事に従事していたことがわかるのである。

騎兵２個聯隊の到着

　数多くの兵士が高師原の地に到着し、陸軍第15師団の日常的な活動がここに開始されることになる。年明けて明治42年（1909）1月9日には、高師原の練兵場で最初の観兵式が挙行された。

　兵営の建物がおおかた完成していたので、兵士たちは真新しい建物を利用しながら生活し、学業や訓練に励むことになったが、実際に兵士が来て生活を始めてみると、なにかと不都合なことも起り、新たに建物を建てる必要も出てきた。ことに歩兵第60聯隊では、いくつかの建物を新たに作ってほしいという意見が多かったようで、第15師団経理部長の斎藤文賢は、陸軍大臣にあてて伺書を出し、建物建築の許可を求めている。まず1月12日に、歩兵聯隊の兵営の中に「雑食調理所」を建設したいと申し出た。「酒保の建物が狭隘で、この中に雑食調理所を設置すると、兵卒の休憩所が狭くなり、休日などでは、酒保に行きたい人員の10分の1しか収容できなくなる。また、構内が不潔になりやすいので、衛生上のことを考えても別の建物を作る必要がある」というのが、新たな建物を建てたいと考えた理由だった。「酒保」というのは軍隊の営内にあった日常品や飲食物の販売所で、とりあえず建物はあったが、多くの兵卒が集まってきて混雑し、この中に雑食調理所を設けるのは難しいという判断がなされたものと思われる。

　続いて2月9日には、歩兵第60聯隊の将校集会所の構内に「撃剣場」1棟を建設したいという伺書が提出された。「将校団の教育科目の中にある剣術を教育しようとしても、雨天などの際には、一か所に集合させる場所

がなく、各自に自修させるのも難しいので、将校団の剣術を奨励する上でも、撃剣場を建設する必要がある」というのが申請の理由だった。3月20日にも経理部長から陸軍大臣にあてて伺書が出されたが、こんどは歩兵第60聯隊の将校集会所構内に「調理所」1棟を建設したいという要望だった。「営内に居住している将校や相当官、週番の人たちは、常食品調理所の設備がないので、営外で調理したり煮炊きしたりしたものを手に入れて持ってくることになる。そのため価格も高いし、調理しているところの監督もできず、衛生上も危険が多いので、集会場の構内に調理所を建設し、委員の監督の下で調理や煮炊きをさせる必要がある」。申請の理由はこのようなものだった。

　将校集会所の中に「撃剣場」と「調理所」を設けたいということだが、この2つの申請はそれほど時間をかけずに認可されている。しかし最初に出した「雑食調理所」建設の申請についてはなかなか許可が下りず、申請から10か月もたった10月7日になって、「これについては認可できない」という決定が下された。「酒保に属する私設物の建設については、必要やむを得ないもの以外は許さない方針である。本件の如きものは必要やむを得ないものとは認められない」というのが、申請を却下した理由だった。将校たちの教育や食生活に直結する申請は認めるが、兵卒たちの日用品や飲食物の販売所である「酒保」に関わる建物の建設などは、必要不可欠と判断されるもの以外は認めないというのが、陸軍側の基本方針だったのである。

　兵舎などの建物や、建物のまわりにある下水溝などはほぼ完成し、建物のまわりや道路などには砂利を敷設することになっていたが、こうした場所だけでなく、営庭の広い空間にも砂利を敷いたほうがいいということになり、明治42年2月8日、臨時陸軍建築部本部長の石本新六から陸軍大臣（寺内正毅）にあてて伺書が提出された。師団司令部や各部隊の営庭に砂利を敷設したいということだが、このあと兵士が入営することになる甲

騎兵営（騎兵第25聯隊・第26聯隊の兵営）の砂利敷設についても、あわせて認めてほしいと求めている。

　この申請はすぐに認可され、営庭への砂利敷設工事が開始されたようだが、工事を進める中でいろいろの問題が生じたようで、きちんとした業者を選んで施工してもらうほうがいいという判断に至り、いくつかの業者を選んで指名入札を行い、請負人が決定された。入札が行われたのは12月14日で、請負人になったのは岐阜県羽島郡笠松町の片桐五市郎である。この入札を担当したのは臨時陸軍建築部名古屋支部で、支部長の中野広から陸軍大臣にあてて報告書が出されているが、そこには今回指名入札をするに至った事情が具体的に書かれている。「砂利は天然の産物で採収できる地区は限られている。当地方では主として豊川または渥美湾内の海洲において採収するのが常であるが、地方の事情などに通じていない者が工事を請負うと、住民といさかいを起こすことになりかねない。事業に経験のある確実な業者でなければ、竣工の時期を守ってもらえないといったことがあるので、無制限の自由競争に付することはやめて指名入札にした」といった内容で、いろいろ苦労があったことがうかがえるが、兵営などに敷設する砂利が近所の豊川や渥美湾の海洲から採収されていたこともこの記事からわかる。

　兵営などから出る悪水を海に流すために排水路を整備・造成する計画はすでに立てられていたが、軍隊が集結してきたこともあり、排水路工事にかかわる手続きが具体的に進められていくことになる。田原街道の西の兵営などからの排水に対応する排水路（小浜線）の新設については、排水路が通る箇所の用地買収の交渉が進められ、地主の了解をとりつけたうえで、2月13日に石本新六が陸軍大臣に伺書を出して、用地買収の許可を求め、まもなく了承を得ている（買収地についてはこのあと何度か修正があり、そのつど伺書が提出されている）。このように用地買収を進めたあと、排水路の開鑿がなされたもののようで、この水路は「師団都市下水路」とし

て現在でも活用されている（写真2）。

　田原街道の東、師団司令部・歩兵第60聯隊からの悪水については、山田川へ流出させることにし、師団司令部や歩兵聯隊の東方から山田川に水を流すための小排水溝が作られたが、この排水溝の管理を引き継いでほしいと求められた高師村では、4月16日に村会を開いて協議し、「永久的工法で改造してもらえれば、これを村で引き継いでもかまわない」という結論に達した。歩兵第60聯隊東方からの水路は底張が不充分だし、師団司令部東方からの排水溝は極めて不完全で、腐朽しやすい材料で工事をした箇所が多く、すでに破損が生じている。こういう状況を改善し、「永久的工法」できちんと改造してくれれば、竣工後これを村で引き受けてもかまわないというのが、村側が出した結論だった。陸軍の側が行った工事の状況について、地域の人々はきちんと点検し、時には厳しい注文をつけていたのである。

　騎兵2個聯隊（第25聯隊と第26聯隊）の兵営における建築工事も、順調に進捗したようで、2月20日の『新朝報』に「5月中旬には竣工の予定」

写真2　師団都市下水路

という見通しが記されている。将校たちの社交場や迎賓館として活用される「偕行社」の建築も進み、5月16日に落成式が挙行された。騎兵旅団の編成の時期は5月中の予定だったが、7月まで延期ということになり、6月には軍隊編成の方針が示された。甲聯隊（盛岡の第3旅団、豊橋の第4旅団に属する聯隊）は4中隊で1聯隊を編成し、3中隊で編成される乙聯隊より多くの人員を擁することになった（『新愛知』6月14日号）。こうした人員を確保するために、各所の師団にいる騎兵を集めるという方法がとられ、豊橋の旅団には名古屋の第3師団、広島の第5師団、熊本の第6師団、善通寺の第11師団、久留米の第18師団の騎兵の一部が編入となり、高師原にすでに置かれていた第15師団騎兵第19聯隊からも騎兵の移動がなされたようである（『新愛知』6月30日号）。

　7月2日、将校6名、下士卒126名、馬匹160頭が豊橋に到着し、数百人の人々の歓迎を受けた。このあと続々と兵士と馬が集まり、7月25日に高師原練兵場で騎兵旅団歓迎会が挙行された。9月22日には東京の宮中で軍旗親授式が行われ、新設の4個聯隊に対し軍旗が授与された。明治天皇の出御のもと、侍従武官長から陸軍大臣に旗が親授され、大臣が各聯隊の旗手に渡すという形で儀式は進められたようである。親授された軍旗は翌日の朝に豊橋駅に到着し、その日の9時から、高師原練兵場で軍旗授与式が挙行された。内山小二郎師団長から加瀬・長江両聯隊長に軍旗を授け、聯隊長がこれを旗手に渡したあと、旗は所定の位置に戻された。このあと両聯隊長の主催で、偕行社において祝賀会が開かれた（『新愛知』9月23日・24日号）。騎兵2個聯隊を迎え、豊橋の師団の陣容はようやく整えられたのである。

三　軍隊のシステムと兵員の召集

豊橋聯隊区と管轄地域

　新設された陸軍第15師団の管内地域は「豊橋聯隊区」「浜松聯隊区」「静岡聯隊区」「飯田聯隊区」という４つの「聯隊区」に編成され、それぞれの聯隊区の単位で徴兵検査が行われて兵士が供給されるというしくみになっていた。このうち浜松聯隊区と静岡聯隊区は静岡県を担当し、かつての遠江の地域を浜松聯隊区、駿河・伊豆地域を静岡聯隊区が受け持つという、わかりやすい形だった。豊橋聯隊区の拠点は愛知県の豊橋（高師村）、飯田聯隊区の拠点は長野県飯田にあるので、豊橋聯隊区が愛知県、飯田聯隊区が長野県を担当していたと考えたいところだが、実はもっと複雑で、豊橋聯隊区の管轄していたのは愛知県三河地域のすべてではなかった。三河地域は碧海郡・幡豆郡・額田郡・西加茂郡・東加茂郡・宝飯郡・豊橋市・渥美郡・八名郡・南設楽郡・北設楽郡によって構成されるが、このうち西加茂郡・東加茂郡・北設楽郡という、北部山間地一帯は、豊橋聯隊区ではなく飯田聯隊区の所管だったのである。豊橋聯隊区が管轄していたのは、愛知県三河地域のうちこの３郡を除いた１市７郡で、飯田聯隊区は長野県下伊那郡・上伊那郡・西筑摩郡と愛知県北設楽郡・東加茂郡・西加茂郡、岐阜県恵那郡を管轄していた。飯田聯隊区の管轄地域は、長野・愛知・岐阜の県境をまたぐ山間地一帯に広がっていたのである。

　新城から北の地域は「設楽」と呼ばれ、古代から「設楽郡」という郡があったが、設楽郡の範囲は時代とともに変遷を遂げたようである。古代や中世の設楽郡の範囲は、現在の新城市・東栄町や、設楽町の南部までで、その北の武節・稲武・津具や豊根村のあたりは「加茂郡」に含まれていた。江戸時代になってからこの地域も設楽郡に編入され、明治13年（1880）に「北設楽郡」「南設楽郡」に分割されたが、もともと北部地域は西の足助や北の伊那とつながりが深く、豊橋とはあまり交流がなかったようなのである。

南設楽郡は豊橋に近いが、北設楽郡や東西加茂郡は豊橋より飯田とつながりがあるので、県の枠にとらわれず、ここは飯田聯隊区の管轄下に入ったということなのだろう。

徴兵検査と徴兵署

　豊橋聯隊区が行った徴兵検査については、『新朝報』などの新聞記事から、その概要を知ることができる。師団が設置された翌年、明治42年の徴兵検査の期間は4月16日から6月5日までだったが、大正5年の徴兵検査は4月20日から6月24日までで、しだいに期間が延長されていったことがわかる。いずれにせよ2か月近くに及ぶたいへんな作業だった。

　徴兵検査は郡市の単位（豊橋市、渥美郡、宝飯郡、八名郡、南設楽郡、額田郡、幡豆郡、碧海郡の8ブロック）でなされたが、各地で一斉に行われたわけではなく、数名の徴兵官が各地を巡回して、順番に検査を実施するという方法がとられた。この順番は一定していたわけではなく、明治42年の場合は碧海郡→幡豆郡→額田郡→渥美郡→豊橋市→宝飯郡→南設楽郡→八名郡と、西から東に進んでいたが、翌年（明治43年）はこれとは逆で、八名郡→南設楽郡→渥美郡→豊橋市→碧海郡→幡豆郡→額田郡→宝飯郡というように、東の八名郡から出発して西に進み、そのあとターンして宝飯郡に戻るというコースがとられている。明治44年は宝飯郡、明治45年は豊橋市、大正2年は幡豆郡、大正3年には渥美郡から出発しており、検査のコースは毎年異なっていた。

　徴兵検査が行われたのは各ブロックの中の特定の場所で、「徴兵署」と呼ばれていた。明治42年の検査の際の徴兵署（検査場）は以下のようなものである（『新朝報』2月18日号、『新愛知』2月17日号）。

　　　・豊橋市……吉屋町龍拈寺
　　　・渥美郡……渥美郡役所、田原町龍門寺
　　　・宝飯郡……御油町東林寺

・八名郡……八名郡会議事堂

・南設楽郡…南設楽郡役所

・額田郡……岡崎町大林寺

・幡豆郡……西尾町大谷派説教所

・碧海郡……新川町元尋常小学校、知立町明治用水組合事務所

　豊橋市の徴兵署が置かれたのは、吉屋町にある名刹龍拈寺である。渥美郡は範囲が広いので、豊橋にある渥美郡役所と、渥美半島に所在する田原の龍門寺の2か所に徴兵署が設置された。宝飯郡の徴兵署は御油町の東林寺だが、八名郡は郡会議事堂、南設楽郡は郡役所というように、ここでは公的な建物が利用されている。全体をみてみても、郡役所などの公共施設と、地域の中心的寺院を徴兵署にするケースが多いことがわかる。

　毎年行われる徴兵検査は、同じ場所で継続的になされるのが一般的だったが、事情によって場所が変わったり、新たな徴兵署が追加されたりすることもあった。『新朝報』などの記事をもとに、年次ごとの徴兵署の変遷をまとめると表1のようになり、徴兵署の変化や追加のようすをうかがえる。

　豊橋市の徴兵署は毎年龍拈寺で、変化はなかったが、渥美郡の場合、郡役所と田原龍門寺のほかに福江町の清田小学校が加わって3か所になり、大正6年には龍門寺に替わって成章館中学校が会場になっている。宝飯郡では、はじめは御油町の東林寺だけだったが、豊川の花井寺と蒲郡小学校（その後は実業学校）が加わって、徴兵署は3か所になった。幡豆郡の場合、はじめは西尾町の大谷派説教所の1か所だったが、まもなく横須賀村の源徳寺が加わり、幡豆郡の東部地域を担当することになる（東部地域にかかわる徴兵署は、その後、横須賀農産学校、吉田村小学校というふうに移転している）。碧海郡の場合、はじめは新川町の元尋常小学校と知立町の明治用水組合事務所だったが、安城町の議事堂がこれに加わって3か所になっている（安城と知立では新旧の郡役所を利用するようになる）。八名郡・南設楽郡・額田郡の徴兵署は1か所のままだが、額田郡では大林寺

表1　豊橋聯隊区の徴兵署

	明治42年	明治44年	大正3年	大正5年	大正6年
豊橋市	吉屋町龍拈寺	龍拈寺	龍拈寺	龍拈寺	龍拈寺
渥美郡	渥美郡役所	郡役所	郡役所	郡役所	郡役所
	田原町龍門寺	龍門寺	龍門寺	田原町龍門寺	田原町中学成章館
				福江町清田小学校	福江町清田小学校
宝飯郡	御油町東林寺	東林寺	御油東林寺	御油小学校	国府町小学校
			豊川花井寺	豊川町花井寺	豊川町花井寺
			蒲郡小学校	蒲郡実業学校	蒲郡郡立実業学校
八名郡	八名郡会議事堂	郡会議事堂	郡会議事堂	郡会議事堂	郡会議事堂
南設楽郡	南設楽郡役所	郡役所	郡役所	郡役所	郡役所
額田郡	岡崎町大林寺	大林寺	岡崎町別院	岡崎三河別院	岡崎市大谷派別院
幡豆郡	西尾町大谷派説教所	大谷派説教所	大谷派説教所	大谷派説教所	大谷派説教所
	横須賀村源徳寺	横須賀村源徳寺	横須賀農産学校	吉田村小学校	吉田村小学校
碧海郡	新川町元尋常小学校	新川町元尋常小学校	新川町小学校	新川町小学校	新川町小学校
	知立町明治用水普通水利組合事務所	明治用水普通水利組合事務所	碧海郡役所	知立元郡役所	知立町元碧海郡役所
			安城町議事堂	安城町郡役所	安城町碧海郡役所

『新朝報』明治42年2月18日号・明治44年2月8日号・大正3年2月18日号・大正5年2月4日号・大正6年2月11日号、『新愛知』明治42年2月17日号・明治44年2月8日号の記事により作成

から大谷派別院に場所が変わっている。

　徴兵検査は郡市の単位で行われ、数日の調査によって壮丁のランク付けをしたあと、抽籤を行って、本年度の新兵を選出するという方法がとられた。こうしたスケジュールをいちばん詳しく伝えてくれるのが、『新朝報』の大正5年3月9日号に掲載された「徴兵検査日割」という記事である。それぞれの日における検査場（徴兵署）と、ここに集められた壮丁の出身地（町村）を明記したもので、内容をまとめると表2のようになる。

　渥美郡の場合、豊橋にある郡役所で検査を行ったのは、牟呂吉田村・高師村・高豊村・二川町の壮丁、田原の龍門寺に集まったのは田原町と老津村・杉山村・神戸村・野田村・赤羽根村の壮丁で、渥美半島西部の福江町・泉村・伊良湖岬村の壮丁は福江町の清田小学校で検査を行っていた。宝飯郡も同様で、豊川町と近隣の村の壮丁は豊川の花井寺、国府や御津のあたり（かつての音羽町や御津町）の壮丁は御油小学校、蒲郡地域の壮丁は西部実業高校を試験場とするという形になっていた。広域の郡の場合、いつくかの徴兵署を設けて、近くの徴兵署で検査が受けられるような体制を作っていたのである。

　豊橋市の壮丁は龍拈寺で検査を受けたが、一般の壮丁の検査は2日間で、町や大字単位でどちらの日に検査するかが決まっていた。ちなみに明治42年の検査は以下のような形でなされたようである（『新朝報』3月13日号）。

　　・5月20日

　　　　舟町、港町、上伝馬、関屋、西八町、中八町、松葉、萱町、指笠、三浦、新銭、新川、中柴、紺屋、手間、清水、魚町、吉屋、呉服、曲尺手、鍛冶町、中瀬古、談合、西新町、東新町、旭町、飽海、向山、花園、神明

　　・5月21日

　　　　花田、東田、三輪、岩田、岩崎

　豊橋の市街地から少し離れた花田・東田・岩崎などの壮丁の検査は2日

表2　豊橋聯隊区町村別徴兵検査日割（大正5年）

月日	郡市名	徴兵署	町　村	
4月20日	南設楽郡	郡役所	新城、千郷、東郷	
4月21日	〃	〃	長篠、鳳来寺、海老、作手	
4月22日	〃	〃		抽籤
4月24日	八名郡	郡会議事堂	大野、七郷、山吉田、舟着、金沢、豊津、橋尾	
4月25日	〃	〃	賀茂、三上、下川、石巻	
4月26日	〃	〃	八名	
4月27日	〃	〃		抽籤
4月29日	渥美郡	郡役所	二川、牟呂吉田	
4月30日	〃	〃	高師、高豊	
5月2日	〃	清田小学校	福江	
5月3日	〃	〃	伊良湖岬、泉	
5月5日	〃	田原龍門寺	赤羽根、神戸	
5月6日	〃	〃	老津、田原	
5月7日	〃	〃	野田、杉山	
5月8日	〃	〃		抽籤
5月10日	豊橋市	龍拈寺	豊橋	
5月11日	〃	〃	豊橋	
5月12日	〃	〃	（六週間現役兵）	
5月13日	〃	〃		抽籤
5月15日	宝飯郡	豊川花井寺	前芝、下地、小坂井	
5月16日	〃	〃	一宮、牛久保	
5月17日	〃	〃	豊川	
5月19日	〃	御油小学校	御津、国府、赤坂、御油	
5月20日	〃	〃	大塚、八幡、長沢、萩	
5月22日	〃	西部実業学校	西浦、形原、三谷	
5月23日	〃	〃	塩津、蒲郡	
5月24日	〃	〃		抽籤
5月26日	幡豆郡	吉田小学校	一色	
5月27日	〃	〃	横須賀、吉田（大字吉田・大島・富吉新田）	
5月28日	〃	〃	吉田(大字小山田・乙川・白浜新田)、幡豆、佐久島	
5月30日	〃	西尾大谷派説教所	西尾、豊坂	
5月31日	〃	龍拈寺	三和、室場、花明、家武、平原、福地	
6月1日	〃	〃	平坂、寺津	
6月2日	〃	〃		抽籤
6月4日	碧海郡	新川小学校	新川、棚尾	
6月5日	〃	〃	大浜、高浜	
6月6日	〃	〃	旭	

6月8日	〃	知立元郡役所	富士松、高岡	
6月9日	〃	〃	刈谷、依佐美	
6月10日	〃	〃	知立	
6月12日	〃	郡役所	明治	
6月13日	〃	〃	六ツ美、桜井	
6月14日	〃	〃	矢作、安城（大字安城）	
6月15日	〃	〃	上野、安城（大字古井・赤松・福釜・箕輪・篠月）	
6月16日	〃	〃	安城（前記大字を除く全部）	
6月17日	〃	〃		抽籤
6月19日	額田郡	岡崎大谷派別院	宮崎、形埜、常磐、岩津	
6月20日	〃	〃	福岡、藤川、山中、本宿、河合、豊島	
6月21日	〃	〃	岡崎村、幸田、男川、美合、龍谷、下山	
6月22日	〃	〃	岡崎町	
6月23日	〃	〃	岡崎町	
6月24日	〃	〃		抽籤

目にして、それ以外の地域の壮丁は1日目に検査をした、ということらしい。地域を分けた形で検査を行い、3日目に抽籤をして、師団に入営する兵士を決定している。豊橋市の徴兵検査については大正7年の記事もあり、そこでは下のような区分になっている（『新朝報』5月4日号）。

　　・5月11日

　　　　船、港、上伝馬、松葉、花園、萱、三浦、本、西八、関屋

　　・5月12日

　　　　新川、中柴、清水、神明、紺屋、手間、吉屋、曲尺手、下、中世古、鍛冶、西新、東新、旭、飽海、向山、瓦、東田、三の輪、岩崎、飯、談合、花田

　徴兵検査は身体の特徴を調べるものだったが、これとは別に、学力検査とトラホーム（虎眼）の検査も、徴兵検査に先立って行われた。明治43年の豊橋市の場合、徴兵検査（5月20～21日）の前の5月8～9日に八町高等小学校で学力検査が行われ、受験者は190人で、その学歴は以下のようなものだったという（『新朝報』5月11日号）

　　・未就学者………… 4名

- 半途退学者……………13 名
- 尋常小学校卒業者……60 名
- 高等二年卒業者………60 名
- 高等小学校卒業者……54 名

　渥美郡の学力検査については、明治 44 年に高師村の福岡尋常高等小学校で行われ、委員長と 9 名の委員が出張したという記事がある（『新朝報』5 月 31 日号）。この頃は一か所で行われていたようだが、大正 7 年の学力検査は村ごとになされていて、新聞記事からその詳細がわかる（『三遠日報』4 月 25 日号）。試験を行った場所、受験者の出身地と人数を一覧すると以下のようになる。

- 牟呂尋常高等小学校…………牟呂吉田村（66 名）
- 二川町北部尋常高等小学校…二川町（88 名）
- 高師尋常高等小学校…………高師村（99 名）
- 豊南尋常高等小学校…………高豊村（45 名）
- 堀切尋常高等小学校…………伊良湖岬村（72 名）
- 泉尋常高等小学校……………泉村（48 名）
- 福江尋常高等小学校…………福江町（83 名）
- 老津尋常高等小学校…………老津村（27 名）
- 杉山尋常高等小学校…………杉山村（48 名）
- 神戸尋常高等小学校…………神戸村（57 名）
- 野田尋常高等小学校…………野田村（36 名）
- 田原町中部尋常高等小学校…田原町（111 名）
- 赤羽根尋常高等小学校………赤羽根村（89 名）

　学力調査の期間は 4 月 29 日から 5 月 7 日までで、委員長は渥美郡視学浅野嘉九郎、委員は牟呂尋常高等小学校の柴田浅治、田原中部尋常高等小学校長伊奈盛太郎、福江尋常高等小学校長松浦規矩雄の 3 名だった。この 4 名が町村ごとに学校を回り、この地域の壮丁の学力検査を行っていたのである。

除隊と入営

　徴兵検査の結果選出された壮丁は、12月1日に聯隊や大隊に配属され、「新兵」と呼ばれることになる（のちに「新兵」から「初年兵」に呼び方が変わる）。彼らはここで2〜3年間訓練を受け、期間満了となる11月下旬にめでたく「除隊」となり、兵営を去っていった。兵営にいる期間は、歩兵隊は2年、騎兵などその他の部隊は3年だったようである。

　こうした一般の兵士のほか、「一年志願兵」と呼ばれる者も若干いた。また、既に軍隊生活を経験した人たちの中から選ばれた人たちが「予備兵」「後備兵」として演習に参加し、一定期間軍隊の中にいた。こうした人たちもいたが、兵員の中核は徴兵によって召集された「現役兵」で、その数はきわめて多かった。

　毎年の11月下旬に除隊式があって、多くの兵士が兵営を去り、数日後の12月1日に新兵の入営がなされる、というスケジュールで、兵士の供給や交代は継続的になされていった。除隊の期日は上等兵以下（上等兵・一等卒・二等卒）と下士官（曹長・軍曹・伍長）で異なっていて、まず上等兵以下が除隊し、数日後に下士官の除隊式が行われた。明治42年の場合、上等兵以下の除隊式は11月20日、下士官の除隊式は11月30日だったが、大正元年の上等兵以下の除隊式は11月26日で、その後は11月23日から27日の間で推移している。除隊式は兵士が配属していたそれぞれの部隊で行われ、出迎えの人がたくさん来て大いに賑わった。

　毎年どのくらいの数の兵士が除隊したか、ということについては、『新朝報』などの記事からある程度うかがうことができ、各隊の除隊兵（上等兵以下）の数とその変遷を一覧にすると表3のようになる。あとでみる入営兵の場合、その数は計画的に決まっていたが、除隊兵についてはそれぞれの年の事情があるので、数値は一定していない。歩兵隊（第18聯隊と第60聯隊）に注目すると、だいたい各隊750人くらいで推移しているが、入営兵は900人前後なので、入営兵の83パーセント程度が2年後に上等

表3　各隊の除隊兵の人数

	明治43年	明治44年	大正2年	大正3年	大正4年	大正7年
歩兵第18聯隊	691	770	785	754	719	762
歩兵第60聯隊	699	776	770	729	689	776
騎兵第19聯隊	141	102	104	90	87	93
騎兵第25聯隊	91	196	159	162	148	160
騎兵第26聯隊	140	206	154	166	157	162
野砲兵第21聯隊	184	162	169	180	200	180
輜重兵第15大隊 （うち輜重輸卒）	80	236	71	51	（記載なし）	258 (192)
工兵第15大隊	92	145	（未定）	29	90	94

『新朝報』明治43年11月20日号・明治44年11月25日号・大正2年11月25日号・大正3年11月25日号・大正4年11月24日号、『新愛知三遠附録』大正7年11月28日号の記事により作成

兵以下の立場で除隊している、ということになる。昇進して下士官になった人は数日後に除隊しており、1年で帰休する人や脱走兵などもいたので、こういう数値になっているのだと思われる。

　除隊式の際、在営中の成績や品行が優良だった兵士には「善行証書」と呼ばれる証書が授与された。『新朝報』明治43年11月20日号に詳しい記事が掲載されているので、その内容をまとめると表4のようになる。「善行証書」とともに「下士適任証書」「射撃優等賞品」の授与もなされている

表4　除隊兵と善行証書・下士適任証書・射撃優等賞品拝受の人数（明治43年）

	除隊兵	善行証書拝受	下士適任証書拝受	射撃優等賞品拝受
歩兵第18聯隊	691	290	59	89
歩兵第60聯隊	699	295	65	93
騎兵第19聯隊	141	27	19	40
騎兵第25聯隊	91	54	32	
騎兵第26聯隊	140	59	16	
輜重兵第15大隊	80	31	26	

が、善行証書を拝受した兵士の人数に注目すると、たとえば歩兵聯隊では除隊兵の42パーセントにあたる。

　新兵の入営は毎年12月1日で、入営式が行われた。明治42年の場合、歩兵第18聯隊は豊橋の練兵場、工兵第15大隊は向山、それ以外の部隊（歩兵第18聯隊、歩兵第60聯隊、騎兵第19聯隊、騎兵第25聯隊、騎兵第26聯隊、野砲兵第21聯隊、輜重兵第15大隊）は高師原の練兵場（兵器支廠の南）で入営式を行っている。明治43年になると、高師原にいる部隊のうち、歩兵第60聯隊は自らの聯隊の営庭の中で入営式を行い、それ以外は高師原練兵場で式が挙行された。歩兵第60聯隊は兵士の数が多いので、こうした措置がとられたのだろう。

　各隊に入営する新兵の人数も、除隊兵と同じように『新朝報』などの記事からうかがうことができる。その内容をまとめると表5のようになるが、除隊兵とは異なり、各隊の毎年の入営兵の数はほぼ一定していたことがわかる。歩兵聯隊の場合、人数はおのおの900人前後で、大正6年のみやや

表5　各隊の入営兵の人数

	明治42年	明治43年	明治44年	大正2年	大正3年	大正6年	大正7年
歩兵第18聯隊	900	900	900	899	898	937	897
歩兵第60聯隊	899	899	899	898	898	931	884
騎兵第19聯隊	138	130	130	134	130	123	130
騎兵第25聯隊	45	216	216	216	216	214	276
騎兵第26聯隊	45	(記載なし)	215	220	220	200	230
野砲兵第21聯隊	219	219	219	222	220	318 ※	218
輜重兵第15大隊 （うち輜重輸卒）	289 (192)	288 (192)	292 (196)	305	300	290 (192)	374 (244)
工兵第15大隊	171	171	172	180	150	170	170

『新朝報』明治42年11月26日号・明治43年11月27日号・明治44年12月2日号・大正2年12月4日号・大正3年12月1日号・大正6年12月4日号・大正7年12月2日号、『三遠日報（新愛知附録）』大正2年12月4日号、『新愛知三遠附録』大正7年11月30日号の記事により作成
　※ 318は218の誤りかとも思われる。

多めになっている。騎兵聯隊を見てみると、第19聯隊は130人ほど、第25聯隊と第26聯隊はそれぞれ215〜220人程度で、後者のほうが多いことがわかる。前にみたように、騎兵第19聯隊は歩兵聯隊などとともに明治41年11月に入営しているが、騎兵第25・26聯隊は新たに編成された「騎兵第4旅団」に属する部隊で、高師原への入営がなされたのも、ほかより遅れた明治42年7月だった。この新設2聯隊の兵員数を既設の第19聯隊より多めにすることは当初から決定されており、第19聯隊と第25・26聯隊で人数が異なることになったのである。野砲兵第21聯隊の兵員数は220人前後で、騎兵第25・26聯隊とほぼ同じ。輜重兵第15大隊には輜重兵と、輜重兵のもとで運搬に従事する輜重輸卒がおり、輜重兵が100人、輸卒が200人で、合計300人といったところが標準だったようである。向山にいる工兵大隊の兵員数は170人ほどだった。なお、入営式のあとの健康診断で疾病が発見された者は直ちに退去となり、かわりに補充兵が選ばれて兵営に送られた。

　こうした兵士はどこから召集されたのか。前にみたように、豊橋聯隊区が管轄したのは愛知県三河地域のうち北設楽郡・西加茂郡・東加茂郡を除いた1市7郡で、ここを対象として徴兵検査を実施し兵員を選出しているので、豊橋（高師）の兵営に来るのも、この地域の人たちだったように思えるが、実はそうではなく、豊橋聯隊区だけでなく、かなり広範な地域の出身者がここに集められていたことが史料からわかる。

　入営式の際には各地から膨大な数の人が来るので、混乱が生じないよう、どこから来る人はどの宿舎に泊まるか、あらかじめ決めるという方策が採られ、その一覧が新聞記事に掲載されることもあった。明治42年の場合、『新朝報』11月17日号に「入営兵宿舎割」という記事があり、入営兵の出身地ごとの宿舎が詳細にまとめられていて、その内容を示すと表6のようになる。この表を見てわかるように、この時豊橋に集まってきた入営兵は、豊橋聯隊区だけでなく、飯田聯隊区・静岡聯隊区・浜松聯隊区、さらに第

表6　入営兵の宿舎割（明治 42 年）

聯隊区・師団	郡市名	村名	宿　舎
豊橋聯隊区	愛知県渥美郡	伊良湖岬村、泉村	呉服町中藤
〃	〃	高豊村	呉服町蔦屋
〃	〃	田原町	松葉扇屋・幡豆屋
〃	〃	老津村	城海津山サ
〃	〃	野田村	城海津鈴木屋
〃	〃	杉山村、神戸村	米町玉寿司
〃	〃	高師村	松葉加藤ます
〃	〃	赤羽根村	城海津鈴木清蔵・岡安敬太郎
〃	愛知県八名郡		中柴三河屋・橋本屋・松山小林屋・福井屋・水藤屋
〃	愛知県幡豆郡		上伝馬小菊屋・布屋・□葉屋・熊野屋・かぎや・山忠・田鶴屋・新みどりや・京川屋・額田屋・戎屋
〃	愛知県額田郡		花田河合屋・藤田屋・国領屋・辻田屋・鈴木屋・新城屋・夏目屋・井桁屋
〃	愛知県碧海郡		船町つぼや本店・山田屋、新川岸野村屋・吉田屋・酔翁亭・山崎屋、関屋坂下中浜屋
〃	愛知県南設楽郡		豊川町各旅舎
〃	愛知県宝飯郡		萱町近江屋・水野屋・若竹、松葉町吉本屋・横須賀屋・ホテノ屋
飯田聯隊区	長野県下伊那郡		関屋更科・丸屋・金田屋、札木角三
〃	長野県上伊那郡		関屋丸半・丸戸、西八丁豊屋・伊豆館・中金屋、札木村田屋
〃	長野県西筑摩郡		利町尾崎屋・玉屋・コンニャク屋
〃	岐阜県恵那郡		利町高砂屋・清鈴亭・大竹屋、魚町うの丸・藤川屋、札木翁屋
〃	愛知県東加茂郡		指笠町大草屋
〃	愛知県西加茂郡		坂新道伊勢屋・喜楽亭・舞鶴屋・松米・望月亭
〃	愛知県北設楽郡		豊川町各旅舎
静岡聯隊区	静岡県田方郡		松葉町丸百・大村屋
〃	静岡県富士郡		松葉町大村屋・末広屋
〃	静岡県安倍郡		松葉町末広屋・吉野屋・海老屋
〃	静岡県庵原郡		松葉町吉野屋

〃	静岡県静岡市		松葉町朝田屋
〃	静岡県駿東郡		松葉町朝田屋
〃	静岡県加茂郡		松葉町朝田屋
浜松聯隊区	静岡県榛原郡		停車場通り駿河屋・尾張屋
〃	静岡県周智郡		停車場通り山田旅館
〃	静岡県引佐郡		停車場通り山田旅館
〃	静岡県小笠郡		停車場通り駿河屋
〃	静岡県志太郡		岡田屋
〃	静岡県浜名郡		岡田屋
〃	静岡県浜松町		つほや
〃	静岡県磐田郡		札木枡屋
第九師団			札木枡屋
第三師団			札木小島屋・千歳楼

3師団（本営は名古屋）・第9師団（本営は金沢）に属する人たちもいて、かなり広範な地域の出身者が集められていることがわかるのである。

　この記事は入営兵の出身地と宿舎を示したもので、人数は記されていないが、入営兵の出身地ごとの人数がわかる新聞記事も存在する。『新朝報』明治43年12月1日号の「昨日の市中」という記事では、入営式に参加するために豊橋に集まってきた「入営者」「附添人」「役務員」の人数を、聯隊区や郡市ごとにまとめていて、地域ごとの入営兵の人数がうかがえる（表7）。豊橋聯隊区の中では碧海郡が247名と最も多く、渥美郡と幡豆郡がこれに次いでいる。飯田聯隊区では長野県の上伊那郡が272名、下伊那郡が280名で、伊那地域から多くの兵士が来たことがわかり、岐阜県の恵那郡から来た兵士の多いことも注目される。静岡聯隊区では静岡県安倍郡が229名と、めだった人数になっている。第3師団に属する名古屋聯隊区・岐阜聯隊区・桑名聯隊区・津聯隊区や、第9師団に属する金沢聯隊区・鯖江聯隊区から来た兵士もいて、第3師団管区から来た兵士を合計すると

表 7　入営兵と附添人（明治 43 年）

聯隊区名	郡名	入営者	附添人	役務員	合計
豊橋聯隊区	愛知県渥美郡	183	134	29	346
〃	愛知県八名郡	25	66	6	97
〃	愛知県南設楽郡	50	60	15	125
〃	愛知県宝飯郡	88	81	24	193
〃	愛知県額田郡	133	144	30	307
〃	愛知県幡豆郡	183	190	27	400
〃	愛知県碧海郡	247	242	42	531
飯田聯隊区	長野県西筑摩郡	98	—	6	104
〃	長野県上伊那郡	272	—	1	273
〃	長野県下伊那郡	280	—	6	286
〃	愛知県東加茂郡	64	70	8	142
〃	岐阜県恵那郡	179	4	3	186
静岡聯隊区	静岡県静岡市	15	5	1	21
〃	静岡県加茂郡	26	1	10	37
〃	静岡県田方郡	43	4	1	48
〃	静岡県駿東郡	37	9	4	48
〃	静岡県富士郡	35	15	—	50
〃	静岡県庵原郡	31	4	—	35
〃	静岡県安倍郡	229	44	17	290
浜松聯隊区	静岡県志太郡	54	43	16	113
〃	静岡県榛原郡	37	28	9	75
〃	静岡県小笠郡	52	—	45	97
〃	静岡県周智郡	15	29	7	55
〃	静岡県磐田郡	50	※	※	99
〃	静岡県浜名郡	65	60	29	154
岐阜聯隊区		91	3	—	94
名古屋聯隊区		109	26	33	174
金沢聯隊区		3	—	—	3
桑名聯隊区		109	32	15	150
鯖江聯隊区		3	—	—	3
津聯隊区		91	—	1	92

※静岡県磐田郡では、附添人と役務員をあわせて 49 人。

表8 歩兵第18聯隊入営兵 中隊と出身地（大正3年）

	豊橋市	渥美郡	宝飯郡	八名郡	南設楽郡	額田郡	幡豆郡	碧海郡
第1中隊			三谷、塩津、牛久保	三上村		美合、藤川	西尾、三和	依佐美
第2中隊		神戸	蒲郡			豊富、下山		刈谷、高岡
第3中隊		野田村	豊川、八幡			宮崎、龍谷	寺津、平原	上郷、新川
第4中隊		泉	小坂井	七郷	東郷、作手、海老	川合、岩津	福地村	旭
第5中隊	豊橋	高師、二川	前芝	賀茂		岡崎、常盤	一色	矢作
第6中隊		牟呂吉田、杉山、赤羽根、老津		石巻			室場、家武、花明	六ツ美、大浜
第7中隊	豊橋	田原、伊良湖岬	西浦	山吉田	新城、長篠	岡崎、山中	吉田	
第8中隊			御津、一宮、萩	下川		岡崎村	平坂	明治村
第9中隊	豊橋	福江町		舟着	千郷	幸田	西尾	棚尾、安城
第10中隊		二川					幡豆、佐久嶋	高浜、高岡
第11中隊			下地、形原、御油		鳳来寺	幸田、下宿	横須賀	富士松、桜井
第12中隊		高豊	国府、赤坂、大塚	八名、金沢		岡崎、形埜、男川、福岡、幸田	豊坂	知立

400人になる。

　入営兵が配属される部隊は徴兵検査の段階で決まっていたようだが、聯隊の内部には「大隊」「中隊」「小隊」というまとまりがあり、「中隊」が兵士たちの生活や訓練の際の基礎的単位となっていた。どの中隊に配属されるかは入営の時に決定されたが、そのありさまを示す新聞記事も遺されている。『新朝報』大正3年11月29日の「入営中隊別」という記事で、歩兵第18聯隊に入営する新兵を対象として、どの地域（町村）の出身者がどの中隊に配属されるか、具体的に明示している。その内容をまとめると表8のようになるが、郡市ごとに出身者をまとめて中隊を編成するのではなく、それぞれの郡の中の町村を12の中隊にまんべんなく配分するという形になっている。こうした方法をとると、一つの郡の出身者は各中隊に分かれ、それぞれの中隊にはさまざまな郡の出身者がいることになる。このような編成がなされた事情はわからないが、同じ地域の人が集まって特定の行動をすることがないようにという配慮かもしれない。兵員の召集にあたっては、地域の単位で徴兵検査を行っているが、軍隊という組織の中では、兵士のもつ地域性はいったんリセットして、より普遍的な世界を作り出そうとしていたのではないかとも思われる。

四　兵営生活の光と影

新聞記事からみた兵営生活

　12月1日に入営した兵士たちは、これから2年、あるいは3年の間、兵営の中で生活しながら、学習や訓練に励むことになった。彼らの生活のようすはどんなものだったか気になるところだが、当時の新聞に関連する記事がかなりあるので、まずは特徴的な新聞記事を見てみることにしたい。

　『新朝報』の明治42年7月27日号に、「夏の兵営生活」と題された、かなり詳しい記事が掲載された。夏の兵営生活について「当局者」から聞いたことを記すと、はじめに断ったうえで、項目ごとに文章を書き連ねている。最初に記されているのは、兵士の一日のスケジュールと、夏の時期における特別な措置についてである。

　　夏の兵営勤務の状況は、平常の実科勤務は午前午後二時間半宛で、一日に五時間と定まつてをるが、夏は午前の二時間半だけで、午後の時間は兵士の休息にあて、睡眠なり遊戯なり勝手に遊ばすことにしてある。現に第十八聯隊などは、去る十九日より午睡を許されてある。今一日間の時間の割をいふと、朝五時に起床して、六時に朝飯を喫し、七時から九時半迄練兵をして、それから十二時の午飯までは、学科の教習や銃器の手入などに時を送り、一時から三時までは休息睡眠の時間に宛て、三時からは銘々雑務をなし、六時に夕飯を喫し、夜分は講話をしたり手紙を書いたり、其他の雑務を弁じ、九時に就床の時間であるけれど、暑い晩には自由に納涼を許し、十時に全く寝床に入る事になつてをる。

　この時の軍隊の一日の時間割は、朝5時に起床、6時に朝食、7時から9時半まで練兵をして、学科の教習や銃器の手入れなどをしたあと、12時に

昼食となり、3時からはそれぞれ雑務をして、6時に夕食、9時に就床というものだった。平常の実科勤務は午前2時間半、午後2時間半の計5時間であるが、夏の期間においては、実科勤務は午前だけで、午後は兵士の休息にあてているというのである。夏の暑い時期に野外で練兵などをすると健康を害するので、こうした措置がとられたのだろう。

　これに続き、「営内の生活」と題して、兵営内の生活に関わることが記される。

　　軍隊内務書が改正してから、兵営内を一の家庭と見做し、この家庭をなるべく楽しき様にするため、娯楽室を設けたり、花園を拵へたりして、日曜日その他の休日でもなるべく兵士を外出せしめぬ方針を採つておるが、それでも兵卒の第一の楽しみは外出であるから、勤務に差支のない限りは外出さす。また騎兵隊などにありては、品行方正勤務勉励の模範兵に対しては折々外宿を許可する。

　日曜や休日に兵士たちがなるべく外出しないように、兵営内を「一つの家庭」とみなし、ここで楽しく生活できるよう工夫しているが、兵卒の第一の楽しみは外出なので、勤務に支障のない限りにおいて外出を許可している、というのである。

　このあと「兵士の小遣ひ」と題して、兵士と金銭にかかわる記載が続く。

　　兵士が隊から給与される小遣銭は、一二等卒が十日目毎に四十銭、上等兵が五十銭であるが、これでも倹約にすれば足りるが、酒や煙草を飲むものは不足を告げるので、一中隊の中でも、父兄から毎月送金を乞はぬ者は二三人位しか無く、他は悉く一円から五円位の送金を仰ぎ、一人平均二円位宛は毎月父兄に厄介を掛けて居る。行軍などの時に各兵士の巾着を見てみると、多いので五円、大部分は一円五十銭乃至二

円位持つて居る。

　徴兵によって選出された兵士には、それ相応の給金が支給されていたのである。給金は 10 日ごとに支給され、二等卒・一等卒は一回 40 銭、上等兵は 50 銭だった。倹約すれば生活できる給金だが、ほとんどの兵士は父兄から送金してもらっていて、平均すると毎月 2 円くらいのようだと、ここには書かれている

　明治 45 年 3 月の『新朝報』にみえる「軍隊生活」という記事も、兵営生活と訓練のありさまや、陸軍側の方針について具体的に伝えてくれている。太田大佐の講演の内容をまとめたもので、3 回にわたって連載されているが、まず 1 回目の「軍隊生活（一）」（3 月 17 日号）の冒頭の記事を見てみたい。

　　世間では兎角軍隊生活を冷かな温味のないものと思つて居るやうであるが、これは大なる誤謬で、軍隊は決して冷かなものではなく、恩愛の温情を含んだ一大家庭である。で、さしづめ一箇中隊を一つの家庭と見るべく、一聯隊はこの中隊十二から成立て、恰も平和な一郷里のやうなものである。決して世間の人が考へて居るやうな監獄でもなければ牢屋でもない。古兵が新兵を酷めるなどと云ふことをよく耳にするが、十年前まではその傾向がないではなかつた、目今（いま）では其の様な無法なことは断じてない。たまたま満期除隊となつて郷里へ帰つた在郷軍人がその様なことを言ふかも知れぬが、それは考への足らぬ処から、自分が如何に辛苦を経来つたかを他に誇らんが為めに、事実を捏造誇張して、里人の耳を驚かさうとするので、それを正直な父兄が正直に聞くものだから、第二の壮丁に対して杞憂を抱くのである。要するに軍隊教育は第一期から第五期までに分れて、前年の十二月に始めて翌年の十一月に終り、第一期教育はまた新兵教育とも云つ

て、専ら軍事の基本たるべき教育を与へ、漸次進んで第五期の教育を
終ると、機動演習と云ふのを行つて、これで実際の戦争に近い経験を
得せしめ、第二年目には前年にやったことを熟練的に復習せしむるの
であるが、これらの教育に就ても、精神教育を主として、体育的の訓
練は従としてある。随つて各兵卒が自ら自分の任務を能く知つて、軍
隊生活の趣味を有つやう、軍隊生活を家庭的のものとして味つて、真
の軍人精神を享受するやうにと、教育当局者は常にこの一事にのみ腐
心して居る次第である。故に世間の人は能くこの辺の当局者の真意を
解して、十数年来の悪弊たる、軍隊を監獄視する誤つた考へは一洗し
て貰ひたいのである。

「軍隊は冷たい監獄だ」という世間の眼を、なんとか払拭したいと、太
田大佐は「軍隊は温情を含んだ一大家庭である」と力説したのである。「古
兵が新兵をいじめるというようなことは、昔はよくあったようだが、今
ではそんな事は断じてない」と強調しているわけだが、ここで軍隊教育の
スケジュールについても言及していることに注目したい。一年間の軍隊教
育は第1期から第5期までに分かれ、前年の12月から始まって翌年11月
に終るというサイクルだった。最初の第1期は「新兵教育」で、軍事の基
本を教え、順次進んで第5期の教育が終ると、「機動演習」に参加させて、
実際の戦争に近い経験をさせる。これで1年目が終り、2年目には前年に
やったことの復習をしてレベルを上げる。軍隊における教育の基本的スケ
ジュール（カリキュラム）はこうしたものだったようである。
　連載の2回目、「軍隊生活（二）」（3月19日号）には、先にみた「夏の兵
営生活」でもふれられている兵士の小遣銭についての詳しい記載がみえる。

　　次に父兄からの小便銭であるが、これが全然不用なものである。この
　　弊風を矯正するため、軍隊では常に兵卒への送金に注意して居るが、

今尚この弊風は止まず、直接営内へ宛て送つて来るもの、若くは監督
上官の注意眼を避けて、営外の日□下宿や懇意な商店なぞへ宛て、父兄
から送つて来る。兵士の小遣銭は一中隊で約一ヶ月五十円位に上る。
随つて一人約一円平均の小遣銭を父兄から送り居る訳だが、これは前
言ふ通り全く無用なものである。何故と云ふに、軍隊では十日目毎に
五十二銭宛の手当を支給して居るから、食つて衣て、其れで一ヶ月一
円五十六銭の小遣銭があれば、無駄な遊びなぞをしない以上は、決し
て不足のある筈はないのである。それに若い者が理由なく金を持つて
居ると、兎角これを善用しない。また軍隊に居て金を浪費することを
覚えると、それが癖になつて、郷里へ帰つても真面目に働くのがいや
になる。それ故軍隊では浪費と云ふことには常に細心の注意を払つて
居るのだが、それを世の父兄は営内の事情を知らぬために、ただ我子
可愛さ、我が弟不憫さの、婦人の情に駆られて、要もない金を送るので、
折角聯隊長以下が汗水滴らして築上げた教育を、片端から壊して行く
ことになる。これほど愚な話はない。

　ここでは兵士の小遣銭は 10 日ごとに 52 銭とある。明治 42 年の「夏の
兵営生活」では、二等卒・一等卒が 40 銭、上等兵が 50 銭とみえるから、
数年の間に給金は若干増えたようである。この給金で充分のはずで、若い
者が金を持つとこれを善用せず、ろくなことがないので、送金はやめてほ
しいと、太田少佐は力説しているが、陸軍側の説論にもかかわらず、こう
した風習はなかなか断ち切れなかったことも、この記事からうかがうこと
ができる。
　日曜日は基本的に休日で、大規模な訓練などがあった後には、「慰労休暇」
として休日が設定されることもよくあった。「夏の兵営生活」には、夏の
期間は午後の実科勤務は廃止して兵士の休息にあてているとあったが、同
様のことを伝えてくれる新聞記事もかなりある。明治 43 年の夏には、第

15師団の各部隊において、隊長の判断で午後の練兵を休止することとし、7月30日から9月16日までの間、昼食後3時間の内に下士卒が午睡（昼寝）をすることを許可している（『新朝報』7月10日号）。明治44年の夏にも、7月25日から午後の練兵を休止し、午後1時から2時間の内は下士卒以下の午睡を許し、夕食のあと営内を散歩することも認めている（『新朝報』7月23日号）。夜の涼しい時間に散歩することも、兵士の健康保持のために必要と考え、こうした措置がとられたのだろう。

　明治44年の夏の新聞には、夏の期間中に飲食を禁止するものを列記した、面白い記事もある（『新朝報』7月21日号）。禁止されているのは下のようなものである。

　　油揚　天麩羅　蒲鉾類　なまり節　蝦　蟹　蛸　鮪　烏賊
　　貝類　刺身　きんとん　冷麺　心太　氷水　鰻　餡餅類
　　ラムネ（営内製造のものは許す）　生瓜揉　未熟の果実
　　清冷水剤その他不良の飲食品と認むる物

冷蔵庫もない時代のことなので、腐蝕したものを飲食しないようにこうした触れを出したのだろうが、夏の暑い時期でなければ、軍隊の営内でこうしたものが普通に販売されていたことがうかがえる。兵営の中には「酒保」とよばれる販売所があり、出入りの業者もいて、いろいろの食品や飲み物が提供されていたのである。

　兵営における食事の内容についても、新聞の中から詳しい記事をみつけることができる。『新朝報』の大正6年8月5日号に掲載された、「行き届いた軍隊の台所」と題された長い記事である。

　　凡そ天下の台所で、軍隊の台所ほど規律・衛生・経済の諸方面に行
　　届いた台所は恐らくあるまい。その辺に精通する某将校は語る。士卒
　　の三度の食物は、監督の将校が軍曹に命令を下すと、軍曹がこれを当
　　番連中に指揮する。そして朝は四時から夜は八時まで勤務するのであ

るが、その間少しも無駄の時間を費やさぬやう規律を守る。

　一人前の一日食糧は、米七麦三の割合で、六合二勺に当り、副食物は一日分九銭四厘であるが、沢山買入れるので、商人側も勉強して、普通よりも遙かに値が安く、市中の半値、高くても三分の二位で売るから、副食物は一日分七八銭位に相当してゐる。

　軍隊は贅沢の出来ない所だが、決して不味い物を喰べさせない。朝は味噌汁と、晩は魚肉および野菜物を付け、茄子のしぎ焼、ずいきの胡麻味噌、胡瓜或は沢庵の漬物が副食物となり、また稀れには茶碗蒸・シチウ・オムレツなどを添へる事がある。料理番の注意の行届く事は、一流の料理店と雖も及ばない位で、一般の点から云つても、中流以上の家庭も及ぶまい。

　例へば南瓜を切るにしても、目方の相違があつては不公平になるといふので、殆んど大小なく切り分ける。又朝の御飯やお汁を昼まで残すことなく、如何に美味い魚でも肉でも喰べ残しは決して保存して置かない。そのゆゑいつでも新らしい御飯と新らしい惣菜が出る。また残物は悉く商人に売渡し、その金は天長節とか、労働の多い時に増賄として使ひ、御馳走となつて現はれる。

　何処の勝手でもいろいろ食物の余りが流れて、終には溝が塞つてしまうが、軍隊に限つてそんな事がない。流しに網を張つて、漬物の残物まで浚ひ揚げ、少形体は固しも溝に流れ込まぬから、溝の水が腐る憂ひが無い。軍隊では殊に伝染病を恐れ、炊事場の入口には悉く麻の暖簾を掛け、これで虫その他媒介虫の予防をしてゐるが、窓なども布で張つた障子が立てられてある云々。

　記者が「某将校」から聞いたことをまとめた記事のようだが、軍隊における食事の内容や価格、食品の扱いや衛生への配慮などについて、きわめて具体的に示したものとなっている。兵士が食べる飯は、米が7割、麦が

3割のブレンドで、1日に6合2勺、副食物は1日分9銭4厘だが、たくさん買い入れるので価格は安くなっている。贅沢はできないが、決してまずいものは食べさせていない。食べ残しは保存せず、残飯が溝に流れこまないよう工夫もなされている。内容も立派なものだし、経済的にも安価で、衛生面も行き届いている。こんなふうに、「軍隊の台所」の優れているところを書き連ねているのである。

　日常的な食事はこんなものだったが、正月など特別の日には「御馳走」も出されたようである。『新朝報』の大正5年1月3日号に掲載された「兵営の新年　ナカナカの御馳走」という記事は、正月の祝いの席のようすについて生き生きと伝えてくれている。

　　お目出度いのに限りは無いが、平素窮屈な思ひをしてゐるだけ、兵隊
　　さんのお正月は一層楽しいものの一つである。豊橋衛戍各隊では、少
　　しでも家に居た時の心持を味はせたいと云ふ各隊長の親切から、元日
　　には朝湯を沸かし、未明に起きて、思ひ思ひに朝湯を使はした。やが
　　て各中隊とも学科室または営庭に集つては、隊長または週番士官の発
　　声で、天皇陛下万歳を三唱し、終つて朝餉の膳に向ふ。お雑煮もあれば、
　　今日ばかりは麦入らずの白の飯である。それに焼魚やキントン・田作・
　　数の子をあしらった御馳走に、菓子まで附いて、祝いの酒も出る。ま
　　つたく一年中の大饗饌で、一般下士卒は朝から大ニコニコものの大喜
　　びであつた。

　豊橋にはいくつかの新聞社があり、記者は陸軍の関係者とコンタクトをとって、こうした記事をまとめあげていた。第15師団の側の大きな会合などの際には新聞記者も参加し、師団の幹部や将校たちと宴席で交流することもあった。陸軍師団と新聞社（記者）は強いパイプで結ばれていて、陸軍に批判的な思考や態度をあからさまにする人はほとんどいなかった。

そうした状況なので、記事の内容はおのずと陸軍側の意向を反映したものとなり、そのまま事実と受け取っていいか疑問もあるが、兵士たちが健康を保ち、有意義な兵営生活を送れるよう、陸軍の側もそれなりに工夫をしていたことを、こうした記事からうかがえるのである。

ある騎兵の日記から

当時の新聞記事に兵営生活について書かれたものはかなりあるが、いずれも兵営の外部にいた記者が師団の幹部や将校から得た情報を記したものなので、兵営で訓練を受けていた兵士たちの実情を正確に伝えているかどうかわからないという感もある。兵士たち自身の活動のさまや、彼らの思いを伝えてくれる史料がほしいところだが、ありがたいことに、最近になって騎兵第19聯隊に所属していた兵士の日記がある

写真3　堀内茂吉
（堀内博氏提供）

ことがわかり、貴重な研究史料を得ることができた。大正元年12月に入営した星野茂吉（のち堀内に改姓）の日記（4冊）で、次男の堀内博氏、長女の両角洋子氏からご寄贈いただき、愛知大学綜合郷土研究所で所蔵している（写真3・4）。

星野茂吉は明治24年（1891）3月の生れで、出身地は静岡県引佐郡細江町中川（現在の浜松市北区細江町中川）である。日記を書き始めたのは大正2年8月、22歳の時で、当時は上等兵になっていた。最初の日（8月11日）の記事は次のようなものである。

今日は二泊行軍の慰労休暇である。皆は大角力を見に行つたが、僕は止めて、一日寝ることにした。八時半、一同は乾麺麭をもつて出発した。後は呑気なものだ。大きうなつて寝た。昼食のパンは朝の間に食

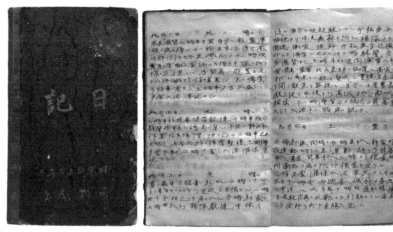

写真4　星野茂吉の日記

つてしまつたから、昼食時も喰はずに、二時頃まで寝た。これでこそ慰労休暇だ。二時半頃より洗濯。馬具手入して、酒保へ行き新聞を見る。五時入浴、夕食。異状なし。伊良湖岬の大藤太平と故郷へ手紙を出す。

　この日は二泊行軍の後の慰労休暇で、みんなは相撲を見に行ったが、自分はひたすら寝た。起きたあと洗濯や馬の手入れをして、酒保に行って新聞を見て、入浴して夕飯を食べた。休日をどう過ごしたか、淡々と書き連ねているが、「八時半」「二時頃」「二時半頃」「五時」というように、時間をきちんと記しているのが特徴といえる。

　こんな感じで毎日のことを丁寧に書いているので、騎兵第19聯隊における兵士の生活や教練のようすが詳しくわかる。こころみに大正2年9月の一ヶ月分をとりあげて、日記の内容をまとめると表9のようになる。一覧してわかるように、一日の間に行ったことについて、時間軸に沿って簡潔に記載しており、兵士の日常のスケジュールを知ることができる。教練（演習）や学科の学習、馬の手入れなどのほか、三度の食事や入浴のこと

表 9 『星野茂吉日記』大正 2 年 9 月の記事

月日	曜日	天候	記事の内容
9月1日	月曜	雨	5時起床。水勒教練。午後、軍刀術・銃剣術。2時半、演習止め。3時～4時、騎兵操典・測図学の学科。6時半夕食。入浴して酒保。8時点呼。9時消灯。
9月2日	火曜	午前雨、のち晴	聯隊教練。10時より陣中勤務。戦闘。2時、演習止め。屯営に向かう。馬手入。3時昼食。6時夕食。入浴。
9月3日	水曜	晴	水馬演習。11時、飯盒を引かせて大崎に向かう。12時頃、大崎着。飯盒を分配し、昼食が終ってから隊に帰る。5時半夕食分配。夕食。入浴。
9月4日	木曜	晴	7時半より武器携帯教練。10時半頃帰営。午後、野外作業（丸馬場際に畑を作る、2時半まで）。5時まで兵舎内外の清潔整頓。5時半夕食分配。6時夕食。入浴。酒保。
9月5日	金曜	晴	夜1時起床し、夜巡りに出掛ける。1時40分頃帰り床に入る。5時起床。7時30分より聯隊教練。12時帰営。5時半、夜間演習に出発。11時、演習止め。班に帰り、武器手入して入浴。12時就床。
9月6日	土曜	曇	6時起床。馬手入。朝食。馬の運動。武器手入。昼食。武器手入。3時より検査を受ける。6時夕食。酒保。入浴。
9月7日	日曜	雨	起床同時水勒教練（練兵場）。帰隊し馬手入。9時頃、貯金のため外出。11時頃帰り入浴。昼食。酒保で新聞などを見て、少し遊ぶ。班に来て寝る。5時頃起きる。6時夕食。
9月8日	月曜	雨	大勒教練。11時、班に帰る。12時昼食。1時～2時半、軍刀術・銃剣術。3時～5時、馬匹手入。6時夕食。
9月9日	火曜	晴	聯隊教練。11時帰営。午後、武器携帯教練・射撃予行。3時より馬手入（杉蔦は跛行）。5時解散。6時夕食。入浴。酒保（汁粉とパン）。
9月10日	水曜	曇	水勒教練。中途より速歩の競馬。午後、諸物品手入。5時より衛兵勤務。夜巡一回。
9月11日	木曜	雨	夜1時、衛兵司令と交代し仮眠。5時起床。午後6時頃帰班。夕食。入浴。酒保。
9月12日	金曜	雨、のち止む	大勒教練。午後は学科。3時～5時、馬手入。5時～5時半、円馬場際に畑の作りかけを作る。6時夕食。入浴。
9月13日	土曜	晴	聯隊教練。午後2時より被服の検査。早めに夕食。5時半頃、夜間演習に出発。戦闘。演習止め。帰りて入浴。空包を衛兵所に預け就床。

9月14日	日曜	晴	水勒教練。馬匹手入時間に馬術検定出場者・上等者の馬術あり。朝食後洗濯。入浴。頭髪を刈る。12時外出。5時頃帰り夕食。馬具手入。班長の用事をして、飼与えに行く。
9月15日	月曜	曇	聯隊教練。襲撃二回。10時半終り、障害を飛び越して中隊ごとに解散。午後は射撃予行。2時半より馬営養検査。3時～5時、下士・上等兵軍刀術。6時夕食。入浴。酒保。
9月16日	火曜	晴	戦闘射撃。4時起床し乗馬。5時、警戒兵として出発。3時に終り通行開始。6時、屯営に着く。馬手入して班に帰る。夕食。入浴。厩日直を命じられ、厩に行く。8時半点呼。
9月17日	水曜	晴	起床。直ちに乗馬演習。朝食。10時より治療馬(八訓)を病馬厩で治療。12時昼食。1時、武器操法・各個教練。2時半より青山大尉の命課布達式。終って馬手入(八湾号に乗る)。6時解散。7時入浴。鬚を剃る。
9月18日	木曜	晴	起床同時乗馬演習。馬手入。7時解散。朝食。残馬運動。鞍を毛布なしで馬に置き、合否を見る。馬装検査。3時より馬手入。5時解散。6時夕食。入浴。7時、俸給を給せらる。
9月19日	金曜	晴	8時、北面して東団横隊軍旗を迎える。8時半頃営内出発。4時頃、静岡県気賀町に着く。中隊長に願い家に一泊。
9月20日	土曜		朝6時、気賀着。8時半に気賀を出発。戦闘。天竜川左岸で昼食。山梨町の宿舎(加藤政敬方)に泊まる。
9月21日	日曜		朝8時半出発。戦闘。天竜橋を徒歩で渡る。3時半、荒井町に着き、4時半、宿舎に向かう(薬種店田口長三郎方)。
9月22日	月曜		朝6時、望月を出発。0時半、奥山を出発。新城町を経て一之宮に向かう。露営。外衛兵勤務に服す。
9月23日	火曜		朝3時半、露営地に帰る。4時起床。5時出発。戦闘。演習止め。牛久保で馬に水を与える。11時半着隊。班に帰り昼食。2時半まで馬手入。班に帰り武器手入。夕食。弾薬を集める。7時点呼。
9月24日	水曜	晴	起床同時乗馬演習。9時より武器の検査。10時より馬具検査。3時、再び検査。6時夕食。
9月25日	木曜	晴	行軍の慰労休暇。起床同時乗馬演習。8時解散。蹄軟膏・蹄釘を納め入浴。外出者を調べる。11時半頃、服装検査して外出。桃林屋と森下長次郎の店を訪問。3時頃帰営。頭痛のため床に就く。5時、起きて夕食。

9月26日	金曜	晴のち曇	聯隊教練。7時鞍置。10時半頃、演習止め帰隊。馬手入して班に帰る。舎内日直を申し受ける。午後は軍刀術・銃剣術。2時30分演習止め。3時、弾薬を班長に代わって納める。5時夕食分配。6時夕食。入浴。
9月27日	土曜	雨のち晴	水勤訓練の前、一時間学科(馬術について)。12時昼食。週番を鈴木上等兵に申し送る。2時頃より被服検査(冬物)。3時半に終り、厠に行く。5時解散。6時夕食。入浴。
9月28日	日曜	晴	起床同時乗馬演習。8時半まで馬手入。午前中、洗濯・諸物品手入。午後は就寝。4時に起きて衛兵準備。5時に出立。服装検査も済む。明番。
9月29日	月曜	晴	午前3時巡察(厩諸工場、厩番勤務)。午後5時交代。6時夕食。入浴。
9月30日	火曜	晴	聯隊教練。最初は中隊教練(閲兵・整頓数回)。11時に終り、中隊ごとに柔軟運動を行いつつ帰営。1時半より軍刀術・銃剣術。3時より馬手入。5時〜5時半、受持区域の清潔法。6時夕食。酒保で散髪して入浴。俸給65銭を受け取る。7時半、帰って日記を書く。

も丁寧に記され、ほぼ毎日入浴していたことも確認できる。夜巡りを命じられ、夜中に起きて勤務したあと、また床につくという日もあった。日曜や休日には外出することもあるが、ゆっくり寝るというケースも多かったようである。9月19日から23日までは4泊5日の行軍に参加しているが、静岡県に向かう行軍だったので、最初の日には中隊長の許可を得て実家で一泊している。丸馬場の際に畑を作る作業に従事したという面白い記事もある（4日と12日）。

　日記は全部で4冊あるが、1冊目の日記の記事から、興味をひくものをいくつかとりあげてみたい。表からもわかるように、一日の出来事を淡々と記すというスタイルをとっているが、自身の気持ちを素直に表に出したところもまれに現れる。大正2年10月13日の日記にはこんなことが書かれている。

　　七時五十分頃営門を発して、馬糧積所際の土工作業場に向ふ。トロツ

クを以て土を運搬す。熱気烈し。喉の渇く事甚だし。総指揮官は第一中隊特務曹長殿。休憩時に於て彼の土発掘者は休めど、トロック側の者は動作敏捷ならずとて休憩なしとの命令。然し自分の思ふ所によると、それは少し無理と思ふ。運搬者とて汗は滝の如く流れ、その苦労に於ては発掘者に比し更に大なるも、線路不完全にして時々脱線する故に、時には時間を要する事あるも、決して怠惰に非ず。これを不敏捷とて、その楽しみなる休憩時間を没収する如きは、人を使いなれし者の仕業とは思はれず。自分なれば決して此の如き事はなすまじくと考へたり。また昼食時間（十二時）に至るも予定区域まで進まずば昼食を許さずと。如何に軍隊とは云へ、空腹をこらへて土工をなすとは……………………。もし指揮にして自分なりとせば、如何なる事情ありとは云へ、此の如き事は成すまじ（人道上）。ほとんど休憩無しにて終る。五時解散、帰営。直に入浴。その後は常と異状なし。

この日は馬の糧抹を積んである場所の土工作業に参加し、トロッコで土を運ぶ仕事をした。総指揮官は第1中隊の特務曹長だったが、休憩時間になった時に「土を掘っている者は休んでいいが、運搬している者たちの休憩は認めない」と言い出した。動作が敏捷でなく、きちんと運搬ができていないというのが理由だったが、「線路が不完全で時々脱線するから時間がかかったわけで、私たちがサボっていたわけじゃない。それなのに、敏捷でないという理由で休憩時間を取り上げるというのは、人を使い慣れている人のやることとは思えない。自分が指揮官だったらこんなことは絶対しない」と憤った茂吉は、仕事を終えて帰ったあと、自身の気持ちを日記に書き連ねた。茂吉の人となりがうかがえる一節だが、上官の中にはこんな無体な命令を出す人もいたことを、この記事は伝えてくれる。

この1ヶ月半後、星野茂吉は伍長に昇進し（12月1日附）、初年兵の指導にもあたることになった。自身の訓練や学習をしながら後輩の面倒もみ

ていたわけだが、ちょっとしたハプニングのせいで中隊長からお叱りを受けたこともあった（大正3年5月4日）。乗馬分隊教練をしていた時、練兵場の入口で配下の兵士が馬を倒したので、茂吉も叱られたのである。自分がやったわけでもないのに叱られるのは理不尽だと思ったが、文句も言えず、帰ってから日記にこう書いている。「此の様な馬鹿気た事は無いと思つたが、初年兵を預る自分、此所が即ち軍隊の軍隊たる所であるのだ。しやくに触つたが、返答返す事も出来ず泣き寝入」。

　馬を倒したのは自分ではないのに、なぜ叱責されねばならないのか。不満を抱きながら日記を書いているが、「こうしたところが軍隊の軍隊たる所以なのだ」と、軍隊の規律のあり方をなんとか理解しようとつとめていることもうかがえる。配下の失敗は上に立つ者の責任でもあるという認識は、一般の人々には共有されていなかったようだが、軍隊の世界ではあたりまえのことだったのだろう。

　上官の行動に対して批判的な記事もみえるが、よくしてもらったこともあったようで、そうした記事もいくらかみえる。大正3年の1月3日には、招待されて中隊長の家に赴き（下士官8人で）、「御馳走」してもらった。上等兵だった時期のことだが、ある上官が班に来て「蓄音機をかけるから集まれ」と言うので、茂吉も行ってレコードを聴いたらしく、「誠に愉快であつた」と日記に書き留めている（大正2年10月28日）。

　前にあげた表からもわかるように、馬の手入れは毎日のように行っていた。茂吉の愛馬は「杉嶌」という名前だったようで、日記にもこの馬のことが多く書かれている。大正2年10月19日には、馬手入れの際に杉嶌の毛を刈っていて、「非常にきれいになったようだ」と、満足そうに日記に書いている。10月30日には馬の体重測定があり、「杉嶌の体重は99貫で、先月より増えた」と日記にみえる。騎兵にとって馬の手入れはなにより大事な仕事で、自身の乗る馬に愛情を注いでいたことが、日記のはしばしからうかがえる。

丸馬場の際で畑を作っていたことは、前にみた表からわかるが、このほかにも畑に関わる記事はいくつかみつかる。大正2年10月27日の午後には、2時間半ほどを費やして畑を作る作業をした。「10人くらいで10坪ほどの地を、馬糞を入れて掻き回したが、みんな遊んでばかりいるので少しもはかどらない」と、茂吉は日記で愚痴をこぼしている。大正3年5月31日には、畑に植える茄子の苗を探しに出掛け、小浜まで行って茄子の苗20本と藷（さつまいも）を買って帰り、早速畑に植えつけた。6月7日には小浜でカボチャの苗を手に入れて帰り、配下の兵士に植えさせている。兵営の中には畑もあり、いろいろな野菜が栽培されていたのである。

　冒頭に紹介した、日記の最初の日の記事に、「一同は乾麺麭を持って出発した」という一文がある。この「乾麺麭」はいわゆる「乾パン」だが、乾麺麭だけで一日を過ごす「困苦欠乏日」というのがあり、兵士たちは我慢を強いられた。大正3年5月6日は困苦欠乏日にあたっていて、「今日は困苦欠乏日で、三食とも乾麺麭で、いくら食つても身にはならぬ。昼食も夕食もこれではたまらぬなど話し合つたが、実際たまらぬ」と茂吉は日記に書き留めた。戦場で耐え忍ぶための経験として設けられた制度だろうが、若い兵士たちにとっては堪えられないことだっただろう。

　故郷の人々から手紙が来ることもあり、軍隊と郷里を比較しながら思いにふける記事もいくらかみられる。大正2年12月29日のこと、午前は厠の清掃を行い、昼食して入浴のあと、午後4時30分頃まで、ひたすら寝ていた。一日を振り返って日記を書いた茂吉は、「軍隊でこそ呑気な事を云つて寝て居るが、地方であつたらどうだろー」と、ここに書き加えた。大正3年6月7日は日曜で、仲間と買物などして過ごし、「郷里では農業定めし多忙なるべし。こんなときは、軍隊は実にパラダイススクエーヤであると思つた」と茂吉は日記に感想を書いた。きついこともあるけれども、農作業で苦労している人たちに比べれば、軍隊はパラダイスなのかもしれない。茂吉はそう思っていたのだろう。

馬の調達

　星野茂吉は騎兵第 19 聯隊に所属していて、騎兵第 19 聯隊の南には騎兵第 25 聯隊と第 26 聯隊があった。3 つの騎兵聯隊が並んでおり、きわめて多くの馬がいたことはまちがいない。また、ほかの部隊においても、将校は馬を持っていて、豊橋の市街にある邸宅から高師村の兵営まで、馬に乗って出勤していたようである。こうした多数の馬はどのように調達されていたのだろうか。

　陸軍ではそれぞれの師団ごとに「徴馬管区」を定めていたが、第 15 師団の徴馬管区については、『新愛知』の明治 43 年 7 月 9 日号に詳しい記載がみえる。このとき制定された徴馬管区のうち、第 15 師団に所属するのは以下のような地域だった。

　　　・愛知県…碧海郡・幡豆郡・額田郡・渥美郡・八名郡・東加茂郡・西
　　　　　　　加茂郡・南設楽郡・北設楽郡・宝飯郡・豊橋市
　　　・岐阜県…稲葉郡
　　　・長野県…上伊那郡・下伊那郡・西筑摩郡
　　　・静岡県…磐田郡・浜名郡・田方郡・駿東郡・富士郡・庵原郡・安倍郡・
　　　　　　　志太郡・榛原郡・小笠郡・周智郡・加茂郡・引佐郡・静岡市
　　　・岩手県…気仙郡・稗貫郡・上閉伊郡・下閉伊郡

　第 15 師団の管下に属する地域はほぼ含まれている（岐阜県稲葉郡とあるのは恵那郡の誤りかもしれない）が、注目されるのは、このほかに岩手県の 4 郡が徴馬管区に加わっていることである。馬の産地として名高い東北の岩手県からも、軍馬が調達されるしくみになっていたのである。

　岩手県からの軍馬調達は実際に行われ、関連する記事もいくらかある。『新朝報』の明治 44 年 7 月 6 日号には「徴馬管区である岩手県の稗貫・上閉伊・下閉伊・気仙の 4 郡で軍馬検査を執行する予定で、2 つの班に分けて、第 1 班は 7 月 27 日に出発して 8 月 14 日に帰団、第 2 班は 7 月 27 日に出発して 8 月 12 日に帰団の予定である」という記事が掲載されている。検

表 10　地方馬匹検査（豊橋・渥美・宝飯・幡豆・額田、明治 45 年）

月日	検査地	頭数	対象地域
3 月 5 日	豊橋市	49 頭	
3 月 6 日	渥美郡高師村磯辺	124 頭	吉田方、高師、老津、二川、高豊
3 月 7 日	渥美郡泉村江比間	127 頭	杉山、神戸、田原、伊良湖岬、福江、泉
3 月 8 日	宝飯郡豊川町	125 頭	豊川、一宮、下地、八幡、牛久保、小坂井
3 月 9 日	宝飯郡国府町	134 頭	蒲郡、塩津、御油、長沢、御津、大塚、国府、赤坂、萩
3 月 10 日	幡豆郡横須賀村	152 頭	豊坂、平坂、幡豆、寺津、三和、一色、吉田、宝場、福知、西尾、横須賀
3 月 11 日	額田郡広幡町	249 頭	岡崎、岡崎村、下山、常磐、岩津、広幡
3 月 12 日	額田郡男川村	58 頭	福岡、幸田、龍谷、藤川、山中、河合、美合、男川、形野
3 月 13 日	額田郡豊富村	114 頭	本宿、豊富、宮崎

査委員がはるばる現地に赴いて馬の検査がなされ、11 月 26 日には 181 頭の軍馬が豊橋に到着した。この日の『新朝報』には「午前 7 時 28 分豊橋駅着丁号列車で軍馬 19 車、午後 3 時 58 分着甲号列車で軍馬 12 車が到着する予定。奥州の黒田原から輸送してきたもので、合計 181 頭になる。第 15 師団に収容したあと、各隊に配付される」と記されている。

　第 15 師団の管区内においても馬匹の検査が行われ、検査に合格した馬が軍馬として調達された。『新朝報』の明治 45 年 1 月 30 日号には、「地方馬匹検査日割」と題する記事があり、愛知県の豊橋市・渥美郡・宝飯郡・幡豆郡・額田郡における馬匹検査の予定が詳細に記されている。ここには検査を行う場所と対象地域だけでなく、それぞれの会場で検査する馬の数も明記されているので、馬匹検査のありさまを具体的にうかがうことができる。その内容をまとめると表 10 のようになるが、3 月 5 日から 13 日までの期間に各地で検査が行われ、多くの馬が集められたことがわかる。馬

の年齢は5歳以上15歳以下とし、牡牝ともに体尺4尺3寸以上のものに限るとされた。なおここにみえない碧海郡と八名郡の馬匹検査は7月下旬から8月上旬に行われたようである（『新朝報』7月20日号）。

　大正2年7月2日の『新朝報』には、南設楽郡と北設楽郡を対象とした馬匹検査の予定を示した記事が掲載されている。その内容は表11の通りで、7月14日から25日までの期間に行われているが、きわめて多数の馬が集められていたことがここでもうかがえる。こうした山間部は馬の飼育が盛んな中心地域で、ここで育てられた多くの馬が軍馬となり、豊橋や高師の部隊に送り込まれたのである。

表11　地方馬匹検査（南設楽・北設楽、大正2年）

月日	対象地域	頭数
7月14日	南設楽郡千郷村・新城町	180頭
7月15日	南設楽郡東郷村	250頭
7月16日	南設楽郡東郷村・長篠村	167頭
7月17日	南設楽郡鳳来寺村	122頭
7月18日	南設楽郡海老町	138頭
7月17日	北設楽郡三輪村	90頭
7月18日	北設楽郡本郷村・御殿村・下川村	202頭
7月19日	北設楽郡振草村	250頭
7月20日	北設楽郡園村	131頭
7月20日	北設楽郡豊根村	170頭
7月22日	北設楽郡豊根村	250頭
7月24日	北設楽郡下津具村	177頭
7月25日	北設楽郡上津具村	58頭

脱営兵の動機と運命

　「軍隊は大きな家庭で、古兵が新兵をいじめるようなことはない」と陸軍側は力説していたが、軍律に支配された厳しい世界で、時には理不尽なこともあり、これに耐えられなくなるとか、いろいろの事情によって、兵営から逃げ出したり、外出したあと戻ってこなかったりする兵士も、しばしば現れた。こうしたことが起きた場合、憲兵隊や各地の警察が捜索を始めるが、『新朝報』などの新聞にも掲載されて、一般に公開されることになった。新聞記事を見てみると、脱営兵の所属や名前だけでなく、「原籍地」が地番も含めて記載され、どこの出身者かわかるようになっていた。脱営した兵士が郷里に戻る可能性は高いので、こうした情報をあえて公開することにしたのだろう。

　新聞記事では脱営兵の所属・名前・原籍や、脱営の状況を記載するのみで、その動機については不明と書かれていることが多いが、なかには動機について言及した記事もある。そうした記事を見てみると、いちばん多いのは「帰営時間に遅れてしまった」という理由のようである。こうした事例をいつくか紹介してみたい。

　　・明治42年9月、歩兵第18聯隊初年兵、大脇鎌吉（原籍碧海郡安城町）。病気がちで、熱海温泉で療養したあと帰営したが、定刻より1時間ほど遅刻したので、上官から甚だしく叱責された。これを恥じて脱営し、東海道線の線路に飛び込んで轢死した（『新朝報』10月2日号）。
　　・明治43年3月、歩兵第18聯隊初年兵、山本国太郎（原籍額田郡岡崎町）。岡崎町の芸妓琴丸と契り、久しぶりに岡崎に帰って会う。駅で電話をかけているうちに列車が出てしまい、実家で隠れていたところを発見される（『新朝報』3月18日号）。
　　・大正3年1月、輜重兵第15大隊初年兵、神谷精（原籍幡豆郡西尾町）。実母が面会に来たので、連れだって豊川稲荷に参詣。母を見送った

あと、しばらく滞在しているうちに帰営時間に遅れる。親戚の家に行って談話し、隙をみて石油を飲む。苦悶しているのを家人がみつけ、脱営が発覚（『新朝報』1月28日号）。

・大正3年9月、歩兵第18聯隊初年兵、伊与田光次（原籍宝飯郡蒲郡町）。母の病気を見舞ったあと、氏神である竹嶋神社に参詣。蒲郡駅に着いたが、すでに列車が発車したあとだったので、また竹嶋神社に戻り、帯剣で自殺しようとしたところを通行人に発見される（『新朝報』9月30日号）。

・大正4年9月、歩兵第60聯隊二等卒、久世巳之助（原籍長野県西筑摩郡楢川村）。精勤証を所持するほどの模範兵だったが、大阪大相撲を見物に行ったあと、松葉町あたりの料理店で遊興して帰営時間に遅れ、面目ないと、豊川鉄道の線路に飛び込み轢死した（『新朝報』9月28日号）。

・大正6年11月、歩兵第18聯隊二等卒、鈴木清斯（原籍八名郡三上村）。慰労休暇に外出し、遊廓で遊び過ぎて帰営時間に遅れ、牛川の射撃場東方中興山内の松の木に帯革を吊るして縊死した（『新朝報』11月29日号）。

　帰営時間に遅れたことを叱責されたので脱営したという例もあるが、ほとんどの場合、外出した時にいろいろの事情で時間を忘れ、電車に乗り遅れたりしてしまったというケースがほとんどである。このまま帰ったら激しく叱責されるだろうし、面目も立たないので、帰るに帰れず、発作的に自殺しようと考えるということも多かったようである。

　脱営の理由として次に目を引くのは、「思うように昇進できない」というものである。

　・明治45年4月、歩兵第60聯隊二等卒、近藤重市（原籍東加茂郡旭村）。

第一期末検閲終了後、上等兵候補者に選抜されなかったことを遺憾に思い、脱営して轢死した。遺書にもこの理由が書かれていた（『新朝報』4月18日号）。

・大正5年11月、歩兵第18聯隊二等卒、花下惣一（原籍碧海郡刈谷町）。除隊日の前日に脱営し、市内船町の料亭で飲酒したあと、東海道線の線路に飛び込み轢死した。昇進ができず、二等卒のまま除隊するので、親族はもとより郷里の知友に対しても面目がないと苦悶していた（『三遠日報』11月25日号）。

　前にみたように、新兵が入営する際には、郷里の人たちが華々しい歓送会を開いたり、餞別をくれたりしていたから、除隊の時には昇進して帰りたいと思うのは当然のことだが、すべての兵士が昇進できるわけはなく、二等卒のまま帰らざるを得ない兵士たちは、「これでは面目が立たない」と思っていたのだろう。

　このように理由がうかがえるケースもあるが、ほとんどの場合、脱営の理由はあいまいで、厳格な軍隊生活に耐えられずに逃げ出すということが多かったのではないかと思われる。逃げたところで実家に帰るわけにもいかず、鉄道の線路に飛び込んだり、近くの木にひもを吊して縊死してしまったりする兵士もかなりいた。所属している部隊の兵士たちや、憲兵隊の捜索によって、近くで潜伏しているところを発見され、軍隊に引き戻されるというケースもあり、発見された場所などが新聞記事には具体的に書かれている。大正2年6月に脱営した野砲兵第21聯隊所属の兵士は、高師村大字福岡の小学校の前にある藁小屋に潜伏している所を発見され、取り押さえられた（『新朝報』6月26号）。大正3年3月には、歩兵第60聯隊所属の兵士が、師団長官宅の下の桑畑の中で寝ていたところを発見されている（『新朝報』3月14日号）。大正4年5月にも、騎兵第26聯隊所属の兵士が高師村大字高師北山の麦畑に潜伏していたところを、所属中隊の兵卒

に発見されるということがあった（『新朝報』5月11日号）。

　大正5年8月29日の夜、騎兵第25聯隊の二等卒が脱営したが、2日後の夕方になって、ひょっこりと部隊に帰ってきた。「近くの山林に潜伏していたが、良心の呵責と空腹に堪えかねて帰営したもののようだ。もとより罪を犯したわけではなく、ただ厳格な軍隊生活に耐えかねてふと脱営した、ということなので、所属の中隊長が懇々とその不心得を諭し、軍隊に帰らせることにしたらしい」と、新聞記事には書かれている（『新朝報』9月3日号）。大正7年4月19日夜に脱営した騎兵第25聯隊の二等卒は、翌日の朝、歩兵第60聯隊東方の練兵場のあたりを徘徊していたところ、騎兵第4旅団長吉橋少将にみつかり、少将から懇々と訓戒されて前非を悔い、「これからはしっかりやります」と言って帰隊したという（『新朝報』4月22日号）。

　兵士の脱営にかかわる新聞記事はきわめて多いが、やはり気になるのは、「帰営時間に遅れてしまった」といった理由で脱営し、その多くが自殺をしているということである。「遅刻したから自殺する」というのは、現代では考えられないことだが、このような行動を取らざるを得なくなるような環境の下に、兵士たちは置かれていたのである。

高師原・天白原・老津原の射撃訓練

　陸軍第15師団が豊橋（高師村）に設営されたことにより、近隣の地域は大いに潤い、高い経済効果を得ることもできた。しかし、より広い地域に目を向けてみると、軍隊が来たことにより生活に大きな影響を蒙り、不満をつのらせる人たちも多くいたことがうかがえる。兵営や練兵場の南に広がる高師原・天白原・老津原の一帯では、ひんぱんに射撃訓練が実施され、近隣の住民は轟音に悩まされ続けたようである。軍隊の射撃訓練は高山や牛川の射撃場や、八名郡の吉祥山、渥美半島突端の伊良湖などでも実施されたが、大規模な射撃訓練は、演習地の広がる高師原・天白原・老津原の

一帯（大練兵場）で行われることが多かった。

　射撃訓練などの実施予定が決まると、『新朝報』などの新聞にその内容が掲載された。どの部隊がいつ、どこで訓練をするか、危険区域はどこか、といったことについて簡潔にまとめた記事になっている。たとえば『新朝報』の大正6年5月9日号では、「小銃実弾射撃」と題して、次のような記事を載せている。

　　　歩兵第六十聯隊第九・十両中隊は、来る十五日午前九時より午後四時
　　　まで、高田南方高地より西南方に向ひ小銃射撃を施行す。危険区域は、
　　　野依より高塚に通ずる道路と二川より小松原に通ずる道路の中間地域
　　　全部にて、右二道路は通行支障なしと。

　訓練の行われる日と時間帯、危険区域を明記しているが、附近の住民が近くに入りこまないように、あらかじめ新聞記事に掲載して警告しているわけである。2つの幹線道路の中間地域で射撃訓練を実施するが、この道路自体は通行可能というのが一般的だった。

　この地域における射撃訓練の予定を伝える新聞記事は無数にあるが、ここでは大正6年の『新朝報』の記事をもとに、射撃訓練の実状をうかがうこととしたい。『新朝報』に記載された記事の内容をもとに、どの部隊がいつ、どのような場所で射撃訓練をする予定だったかをまとめて一覧にすると表12のようになる。

　3月4日から10日まで、第15師団全体による「陣地攻防演習」が実施され、このあとは部隊ごとの射撃訓練が続くことになる。歩兵第60聯隊は5月から7月にかけて、大隊や中隊単位で射撃訓練をひんぱんに行っている。騎兵聯隊の射撃訓練は7月から9月にかけてなされた。野砲兵第21聯隊では、3月・6月・8月・9月というように、飛び飛びに実施しているが、8月や9月の場合はかなり長い期間連続して訓練をしていることがわかる。

表 12　高師原・天白原・老津原における射撃訓練（大正 6 年）

月日	部隊名	射撃の場所と種類
3月4〜10日	第15師団	陣地攻防演習（高師原・天白原などで実施）
3月20〜22日	野砲兵第21聯隊	野依南方高地より西七根宝地道に向かい戦闘射撃
5月2日	歩兵第60聯隊第2大隊	野依字仏餉東方高地から東南方に向かい戦闘射撃
5月15日	歩兵第60聯隊第9・10中隊	高田南方高地より西南方に向かい小銃射撃
5月28日	歩兵第60聯隊第2大隊	野依南方約800メートル附近より西南方に向かい小銃射撃
6月2日	歩兵第60聯隊第3大隊	植田南方道路交叉附近より東南方に向かい小銃射撃
6月2日	歩兵第60聯隊第1大隊	野依仏餉東南方より東南方に向かい小銃射撃
6月5日	歩兵第60聯隊第1大隊	植田南方道路交叉点より東南方に向かい小銃射撃
6月5・6日	歩兵第60聯隊第2大隊	高田南方高地附近より南方に向かい小銃射撃
6月11・12日	野砲兵第21聯隊	老津原より野依南方高地に向かい実弾射撃
6月12日	歩兵第60聯隊第11中隊	植田南方より東南方に向かい小銃射撃
6月18日	野砲兵第21聯隊	老津原より野依南方高地に向かい実弾射撃
6月19日	歩兵第60聯隊第2大隊	高田南方約700メートル高地より西南方に向かい小銃射撃
7月11日	歩兵第60聯隊第1大隊	高師原高田南方高地より西南方に向かい小銃射撃
7月11日	歩兵第60聯隊第2大隊	野依南方高地附近より西南方に向かい小銃射撃
7月13日	歩兵第60聯隊第10中隊	高田南方高地附近より南方に向かい小銃射撃
7月16日	歩兵第18聯隊第1大隊	高田南方高地附近より南方に向かい小銃射撃
7月23日	歩兵第60聯隊第2大隊	植田南方1000メートルの道路交叉点附近より東南方に向かい小銃射撃
7月24・26日	騎兵第25聯隊	野依仏餉東方約500メートルの高地附近より東南方に向かい小銃射撃
7月27・28日	騎兵第19聯隊	高田南方高地附近より東南方に向かい小銃射撃
7月31日	歩兵第18聯隊	植田南方約1000メートルの道路交叉点附近より東南方に向かい小銃射撃
8月2日	歩兵第60聯隊	野依南方高地附近より東南方に向かい小銃射撃
8月4日	歩兵第18聯隊第3大隊	高田南方約700メートルの地点より東南方に向かい小銃射撃
8月6日	歩兵第60聯隊	高田南方高地より西南方・東南方に向かい小銃射撃
8月8日	歩兵第18聯隊	野依仏餉東方高地より東方に向かい小銃射撃

8月21日	騎兵第25聯隊	高田南方高地附近より西南方に向かい小銃射撃
8月21・22日	騎兵第26聯隊	野依南方高地より西南方に向かい小銃射撃
8月30日	歩兵第18聯隊	野依仏餉東方高地附近より東南方に向かい小銃射撃
9月1日	騎兵第25聯隊	植田南方清水辻附近より東方に向かい小銃射撃
9月2日	騎兵第26聯隊	植田南方清水辻附近より東方に向かい小銃射撃
9月8日～(30日)	野砲兵第21聯隊	天白原・老津原において実弾射撃
9月17・18日	野砲兵第21聯隊	老津原より東方に向かい夜間射撃
9月23・24日	歩兵第60聯隊	野依南方において検閲射撃
9月23～25日	歩兵第18聯隊	高田南方・東南方の両高地より東南方に向かい小銃射撃
10月1～4・6・7・12・17～21日	野砲兵第3聯隊	老津原より野依南方地域に向かい野砲射撃
10月5・9～11日	野砲兵第3聯隊	野依南方より東部天白原およびその東方に向かい野砲射撃
10月14・15日	野砲兵第3聯隊	天白原より老津原および野依南方地区に向かい野砲射撃
10月16日	野砲兵第3聯隊	天白原より老津原に向かい野砲射撃
10月20日	野砲兵第3聯隊	天白原より老津原に向かい実弾射撃
10月22日	歩兵第60聯隊	藤並南方において証明射撃

　10月には第3師団に属する名古屋の野砲兵第3聯隊が連続して射撃訓練を実施した。名古屋から豊橋にやってきた兵士たちは、高師原練兵場の廠舎に入り、ここを拠点としながら連日の射撃訓練にいそしんだのである。

　兵士の除隊や入営であわただしい年末や、寒い冬の季節を除いた期間、高師原・天白原・老津原の一帯では、ひっきりなしに軍隊の射撃訓練が行われていたのである。訓練の予定は早い段階で新聞記事となって公表され、地域の人たちに危害が及ばないよう、陸軍の側も配慮していたようだが、毎日のように（時には夜間も）轟音が響いてくるという環境の中で、地域の人たちは忍耐を強要されていたのである。

五　環境整備と、さまざまの出来事

練兵場からの排水路をめぐって

　師団設置に伴う土地の削平によって、排水処理の問題が浮上し、「山田川」「小浜線」「内張川」という３つの排水路の整備や開鑿が企画されたことは、さきにみた通りである。このうち「山田川」と「小浜線」については、師団が開設してまもなく整備や開鑿がなされたが、練兵場からの排水処理（内張川の整備など）については、諸般の事情で迅速な対応ができず、本格的な工事が開始されるまでにはかなりの日時を要することとなった。

　『新朝報』の明治41年４月18日号に、「高師原のカラ池より梅田川河口に向かって一つの下水道を開鑿する予定」と書かれてあり、アイプラザ豊橋のそばにある「空池」から梅田川河口に向かう排水路を開鑿・整備する予定だったことがわかる。空池の西にある杓子池からは「内張川」という川が流れていたので、この川を整備すれば排水ができると考えられていたのである。ただ、練兵場からの排水を空池まで送るためには、そのための排水路の開鑿も必要になる。複雑な話だが、練兵場からの排水をうまく処理するためには、練兵場から空池や杓子池の間に排水路を開鑿し、さらに内張川の整備も行うという、２つの工程が必要だったのである。

　練兵場からの排水路の開鑿工事が着手されたのは、明治44年になってからのようである。『新朝報』の１月５日号に「第15師団司令部では、来たる11日から10日間の予定で、各隊の兵力をもって、高師原練兵場の排水工事を行う予定である」という記事がみえ、各部隊の兵士たちが動員されて、排水路の開鑿工事がなされたようである。こうして練兵場からの排水は内張川に注ぐことになったが、このことによって、大雨が起きると大量の水が内張川に流れ込み、地域に大きな損害が出るという、困った問題が起きてしまう。こうした事態に対応するためには内張川の改修が必要だということで、明治44年11月16日の高師村の村会において、内張川の

改修工事を行うことと、そのための費用を陸軍省に請求することを決定し、長文の申請書を作成して陸軍大臣に差し出した。この申請書から、改修工事を行うに至った事情がよくわかるので、内容をまとめて紹介したい。

- 高師村大字磯辺地内の内張川の水源地には、小松や雑草が茂っていたので、洪水が起きたり、濁水が流れてきたりすることはなかった。
- ところが、師団が新設されたことにより、高師原の340余町歩の水源地全部は、ほとんどが練兵場に充てられ、諸兵が練兵を行うために地表は全く一変し、赤裸の砂塵の地と化してしまった。
- しかも、一部に排水路を開鑿されたので、いったん豪雨が発生すると、大量の水が流下し、さらに砂泥が混ざって赤く濁るようになった。
- その流れの激しさは、これまで見られないもので、昨年7～8月の出水の際には、7か所の堤防が破壊され、沿岸の耕地は甚大な損害を蒙った。
- ようやくこの復旧工事が終った頃、本年8月にまた出水があり、堤が破壊された。その一方で、上流の溜池は土砂で埋まって川底が高くなり、池の水は赤く濁って、灌漑用水としても有害なものになってしまった。
- こうしたことが続いたので、「根本的な改良」の必要を感じ、別紙設計書の通り、内張川改修の計画を立てた。
- ついては、村方でも出来る限り負担はする覚悟であるが、財政状況は困難を極めていて、民力だけではとうてい堪えられない。
- そもそも、今回改修の必要が生じたのは、結局のところ、師団新設に伴う被害の増大に基因するのだから、実地を御調査の上、練兵場排水路のための費用として、陸軍省においても相当の支出をするよう詮議していただきたい。

練兵場を作るために自然の台地を削平したので、豪雨が起きると大量の濁った水があふれ出すようになった。そのうえ、新たに排水路を開鑿したことにより、多量の水がまっすぐ内張川に流れ込んで、2年にわたる夏の豪雨の際には堤防が決壊し、たいへんな損害が生じることになった、というわけである。こうした状況を克服するには内張川を改修するしかないと村の側も考え、工事を始めることに決定したが、そもそもこんな苦労をしているのは師団が設置されたことに基因しているのだから、陸軍省の側でもそれ相応の負担をしてほしいと、申請書で訴えたのである。

　明治45年の3月、高師村では地方債を起こして資金を集めることとし、大正元年11月から内張川改修工事が着手された。これを受けて、陸軍の側も排水路工事を本格的に実施しようと計画し、その費用を「営繕および初度調弁費」から出してほしいと会計検査院に請求したが、大正2年6月、会計検査院部長（中村敬蔵）から陸軍次官（本郷房太郎）にあてて、「練兵場が竣工されてからかなり経過していて、この費目（営繕および初度調弁費）から支出すべきか疑問もあるので、そう考えた理由を示してほしい」という照会がなされた。照会を受けた陸軍省では、8月に説明書を提出し理解を求めている。この説明書も詳細なもので、この工事を施行するに至った経緯が詳しく述べられている。

・練兵場の排水工事については、明治40年11月に臨時陸軍建築部名古屋支部長から愛知県知事に交渉し、41年2月に知事からの回答を得ている。それから数回折衝を重ねてきたが、なかなか解決できず、明治45年度に至ってしまった。

・陸軍で施設すべき練兵場排水工事の設計は、地形の関係上、その排水尻は杓子池を経て内張川に放下し、ここに砂防や、その他必要な水害予防施設を作る計画であった。

・しかし、内張川の流末は直接灌漑用水に導かれるものなので、陸軍

の排水工事と連動して内張川の改修を行わなければならない。陸軍側が排水設備を作っても、その結果流末地方の被害を大きくしてしまうので、地方の村の同意を得ることが難しかった。

・そこで、地方の側の内張川改修工事の問題が解決してから工事を施行することにし、当初は応急の排水設備を作るにとどめた。

・関係地方との協議は容易にまとまらなかったが、明治43年と44年の夏、2回にわたる出水で大きな被害が出たので、このままではいけないということになり、明治45年3月に村会（高師村会）で地方債を起こして改修工事費予算について議決し、大正元年11月に工事に着手した。そこで、陸軍の側でもいよいよ当初の計画を実施することにしたのである。

　練兵場からの排水路開鑿と内張川の改修は連動していて、内張川改修のめどが立たなければ、本格的な排水路開鑿工事には着手できないという事情があったのである。このたび高師村の側が内張川の改修工事を始めたので、こちらも排水路開鑿工事に着手することが可能になったというわけで、当初の計画の実行にあたるので、「営繕および初度調弁費」からの支出を要請したのだと、陸軍省の側は回答したのである。

　『三遠日報』の大正3年1月28日号に「高師下水問題」と題する記事があり、「この下水路は、県道田原街道を横切り、大字磯辺杓子池より一色に陥流させる計画で、師団設置当初より問題になっていたが、いまだ着手されていない」と書かれている。事業は順調には進まなかったようだが、練兵場の南に排水路が築かれ、内張川の改修も実施されたものと考えられる。現在の内張川は弥生町（かつての練兵場）と曙町の間を流れているが、明治26年に発行された「二万分の一地形図」を見ると、ここは台地の一部で、川は流れていない。かつての内張川は杓子池から西に向かって流れており、現在の内張川の上流部分は、陸軍によって新たに開鑿された排水

写真5　練兵場の南の排水路（内張川）

路であると考えられるのである（写真5）。

上水道の開鑿

　師団設置によって多くの人が兵営で生活するようになり、排水をどう処理するか対策がとられていたが、兵士たちの日常生活を支える水をどう確保するかということも、きわめて重要な課題だった。各部隊の兵営には井戸が備えられ、飲用水や入浴用の水もこれでまかなっていたが、井戸の水量は充分なものではなく、新たな工夫が必要になっていた。まず試みられたのは、従来の井戸よりも深く掘り進めて新たな井戸（矢抜式噴水口）を作るということで、輜重兵第15大隊の庖厨所にある井戸を利用して、実験が行われた。かなり深く掘り進んだところでいったん掘鑿をやめ、通水管を埋設して噴水の状況を計測したが、残念ながら水は上まで噴き上がってくれなかった。一回目の実験はうまくいかなかったが、二回目の実験ではもっと深く掘り進めたところ、今度は見事に成功して、充分な水を確保できる見込みが立った。この方式は有効なので、歩兵・騎兵・野砲兵など、

ほかの兵営にも矢抜式噴水口を設置しようということになり、明治43年7月に、第15師団経理部長(斎藤文賢)から陸軍大臣(寺内正毅)にあてて、工事の実施を認めてほしいとの伺書が提出された。

　この件については臨時陸軍建築部で協議されることになったようで、認可を得ることができたかどうかはよくわからない。工事がなされた可能性もあるが、井戸に頼るという方法には限界があるので、適当な水源をみつけて水道を引くことにしようと、発想を転換させたようである。ここで陸軍の側が注目したのが、司令部などの所在地の東北にあたる、豊橋市大字飯(飯村)字高山地内にある灌漑用の溜池だった。この溜池は豊橋市の所有地だったので、師団の関係者のほうから、適切な価格で買収したいと申し出がなされ、豊橋市との協議がおおかたまとまったところで、溜池を買収したうえで軍用水道を敷設するための事務手続きが進められた。明治44年4月13日、臨時陸軍建築部本部長の石本新六から陸軍大臣(寺内正毅)にあてて、高山地内の溜池から師団所在地まで軍用水道を敷設したいとの伺書が提出され、5月15日に認可を得た。溜池の敷地の買収についても、同様に5月18日に伺書が出され、26日に認可が下りている。『新愛知』の5月20日号にも「陸軍水源地買収」という記事がみえ、豊橋市大字飯字高山にある市有の溜池1町3反余の敷地を2万8000円で買収することになり、19日の豊橋市会で可決されたという情報を伝えている。

　こうして用地買収も実現し、軍用水道敷設工事はまもなく着工されたもののようである。11月21日のこと、この工事に従事していた一人の土工が、松の生木で工事の監督者や取締役を殴打し、取締役が死亡してしまうという事件が起きた。翌日の『新朝報』でこの一件は詳しく報道されたが、事件が起きた場所は豊橋市大字飯字南池上附近で、水道用の鉄管を埋める工事をしていたと、ここには記されている。痛ましい大惨事だが、こうした新聞記事から、飯(飯村)の溜池の近くで水道管設工事が施行されていたことを確認できるのである。

この事件の少し前、11月16日には、高師村の村会において、高師村大字福岡字井上にある溜池堤防に軍用水道を埋設することを許可するとの決議がなされた。これは陸軍（師団）の側からの発案で、渥美郡長から高師村長に対して諮問がなされたものだった。高師村では村会において陸軍側の要請を受け入れることとし、第15師団経理部に宛てて回答書を出している。飯村の溜池から師団の兵営につながる軍用鉄管がどこを通っていたか、その一端を伝えてくれる史料といえるだろう。

　大正元年11月1日、第15師団経理部長（斎藤文賢）から陸軍大臣（上原勇作）にあてて、兵器支廠まで水道を延長し、ここに防火栓を新設したいという伺書が提出された。兵器支廠の東には、道路を隔てて民家があるので、火災が心配だが、兵器支廠にある井戸は役に立たないので、すでに敷設されている水道をここまで伸ばして、防火栓を設置したいと申請したのである。飯村の溜池から兵営に通ずる水道鉄管は、歩兵第60聯隊や師団司令部には敷設されていただろうが、その南にある兵器支廠までは届いていなかったということが、この記事からうかがえる。経理部長からの申請はすぐに認められているので、その後工事がなされ、水道は兵器支廠のところまで延長されたものと思われる。

　水道が新設されたあとも、従来からある井戸は利用されていたが、井戸の水量は年々減少していて、軍用水道が主要な給水源になっていった。豊橋市や高師村で上水道が敷設されたのは、この時がはじめてである。軍用水道の設置は、地域の生活環境に大きな変化をもたらした、画期的な事業だったといえるだろう。

皇太子の来訪と植樹

　豊橋には東海道線が通っていて、停車場もあったので、東京にいる中央の要人たちが、鉄道で豊橋に来ることもよくあった。天皇や皇后、皇太子や皇族の人たちが、東京と京都方面などを往復する時には、豊橋の停車場

に少しの時間留まって、地域の人々の歓迎に応えるということも行われていたが、陸軍第15師団が設置されたことにより、師団長をはじめとする陸軍関係の人たちが、皇族が駅に来る時には駅に集まったり、一般の兵士たちも天皇や皇后が乗っている列車のそばに行って敬意を表したりするようになった。そして時には、皇太子や皇族の人たちが列車から降りて豊橋と師団を訪問するということもあった。そうした中でも特筆すべきいちばんの出来事は、明治43年11月の皇太子嘉仁親王（のちの大正天皇）の来訪であろう。

　豊橋（高師村）に第15師団の兵営などが置かれたのは、明治41年から翌年にかけてのことなので、師団設置からそれほど経過していない時期に、皇太子がやって来たということである。名古屋の陸軍第3師団が中心になって、大規模な演習がなされていて、皇太子嘉仁も名古屋に赴いて、各地の演習を実見していたが、東京への帰り道に、師団ができて間もない豊橋に足を運んでみよう、ということになったようである。

　豊橋市や高師村にとっても名誉なことだが、どのような形で歓迎の意を示せばいいか、関係者は頭を悩ませたようである。皇太子が滞在する場所（御駐泊所）は、師団司令部の中にある偕行社ということになったので、その屋内に300あまりの電灯を点し、また新たに電話も設置することにした。また、たくさんの関係者が参集するので、偕行社のそばにある建物を利用して愛知県庁事務所・憲兵隊事務所・警察署派出所を設け、兵営の北に位置する小池坂上に渥美郡役所の事務所、山田と小池に巡査の派出所を置いて対応することになった（『新朝報』11月15日・16日号）。

　皇太子一行が豊橋に来たのは、11月19日の午後4時過ぎのことである。駅に着いた皇太子は、人々の熱烈な歓迎に応えながら、車に乗って高師村の偕行社に赴いた。翌日の朝、偕行社を出た皇太子は、師団司令部で内山師団長らと会ったあと、野砲兵第21聯隊→輜重兵第15大隊→騎兵第26聯隊→騎兵第25聯隊→騎兵第19聯隊→歩兵第60聯隊の順で、各隊の兵

舎を巡見し、軍刀術・銃創術や乗馬など、それぞれの隊で用意したパフォーマンスを観覧した。こんなふうに一回りし、偕行社に戻って昼食をとったあと、午後にまた偕行社を出て豊橋に向かい、歩兵第18聯隊と向山の工兵第15大隊、県立第4中学校を訪れている（『新愛知』11月21日号）。

　豊橋やその周辺を巡回したあと、皇太子一行はまた偕行社に戻り、翌日（11月21日）の朝、偕行社を出て車で豊橋駅に至り、8時15分発の列車で東京に帰っていった。11月23日の『新朝報』には「皇太子殿下には、二十一日午前七時四十五分、御旅館なる豊橋偕行社の前庭に紀念の松を御手植の後御出門、一里の沿道に隙間もなく整列せる学生・庶民の熱誠なる奉迎を受けさせられつつ、連日の御巡啓に御疲労の御模様もなく、御気色麗はしく、豊橋停車場に御着あらせられたり」という記事がみえ、出発の前に、皇太子が偕行社の前庭に紀念の松を植えたと書かれているが、この植樹については『新愛知』の11月21日号にもみえ、「内山師団長の奏請により、殿下には偕行社の庭前に松を御手植遊ばされたり」と記されている。『新愛知』の12月21日の記事は、豊橋にいる記者が20日にかけた電話に基づいて作られたものなので、皇太子が各隊を巡見した20日の段階で、すでに植樹はなされていたのではないかと思われる。巡見を終って偕行社に戻った夕刻に、植樹の儀式があったと考えるのが自然なのかもしれない。残念ながら偕行社は現存していないが、皇太子嘉仁親王の「御手植の松」は、今でも立派にその姿をとどめている（写真6）。

写真6　皇太子嘉仁親王御手植松と標柱

火薬庫の爆発

　明治41年から42年にかけて、陸軍第15師団の兵営などの建物が建てられ、偕行社も建築されたが、師団長の住宅も必要だということで、明治43年になって師団長住宅が建設された。場所は豊橋市花田の正林寺の裏で、工事を請け負ったのは豊橋市松山の大竹富平だった。こうして師団長の住まいも整備されたが、翌年（明治44年）の7月に、「師団長官舎」を新築せよとの命が下り、新たに師団長官舎の建築がなされることになる。命令を出したのは陸軍省経理局経理課で、第15師団・第17師団・第18師団に対して布達がなされた。まもなく工事の設計書が作成され、9月に臨時陸軍建築部長（長岡市之助）から陸軍大臣（石本新六）にあてて建築許可申請がなされ、認可を得ている。師団長官舎の場所として選ばれたのは高師村大字福岡字小松の地で、建築工事が進められ、明治45年5月に落成した。5月7日の午後、新築成った官邸の披露がなされ、そのあと一同が偕行社に移って祝宴が開かれた。

　大正元年（明治45年）には兵器支廠の新築工事が開始された。工事を請け負ったのは大阪市の松村組で、大正2年3月にはほぼ完成にこぎつけたが、工事の下請けをしていた人が賃金をきちんと支払ってくれないということで、大工たちが激昂して下請人の家や松村組の会計係（豊橋市船町の岩村酒店）のところに押しかけるという事件が起きている（『新朝報』4月5日号）。

　大正5年には「第15師団下肥馬糞払下一市四郡聯合会」と「渥美郡高師村青年会」が企画して、高師村地内の道に桜の木を植えるという事業が進められた。『三遠日報』1月9日号の記事によると、植樹の区域は、歩兵第60聯隊から空池までの680間、大崎街道の730間、小浜街道の347間、堺橋から師団長官舎前までの504間で、総数は784本、道路の両端に5間ごとに植樹するという計画だった。

　師団長官舎の敷地拡大や整備も進められた。大正5年には官舎北側の民

有地を敷地に編入することになり、11月に第15師団経理部長（吉村兼太郎）から陸軍大臣（大島健一）にあてて敷地編入と土地買収の許可申請がなされ、12月に認可を得ている。大正6年には、久邇宮邦彦王の師団長就任をきっかけとして、師団長官舎に新たな建物が建設されることになる。邦彦王が師団長として着任したのは8月22日だが、2日後の24日に、第15師団経理部長（谷林徳太郎）から陸軍大臣（大島健一）にあてて、官舎の各室が狭隘なので私設建物を建設したいと宮家から照会があったので、至急認めてほしいとの申請がなされた。「殿下はすでに御着任されていて、急を要するので、電報で認可してほしい」と申請書には書かれていたが、陸軍省でもこれに応え、9月1日の電報で認可を下している。

第15師団が設置されてからすでに9年が経ち、建物や環境の整備も進められていたが、久邇宮邦彦王が師団長として着任してから2か月あまりたった11月5日の朝、野砲兵第21聯隊の火薬庫が爆発して火工長が死亡するという大事件が起きる。『新朝報』の記事（11月6日号）によれば、火工長の守山英一（砲兵曹長）が、上等兵の橋本登、歩哨の二等卒諸伏歓作とともに火薬庫を開いて作業をしていたが、時間がかかるので一人でやると火工長が言うので、二人は火薬庫を出て巡回をしていたところ、突然火薬庫が木っ端微塵に爆破されて、轟音が鳴り響いた、ということのようである。

建物の破片が飛び散ったので、周囲にいた人々や建物も大きな被害を受けた。火薬庫と道を隔てて向き合っていた歩兵第60聯隊の衛兵哨舎の屋根に雷管が墜落して爆発し、詰所にいた衛兵数名が負傷した。これだけでなく、歩兵第60聯隊では1700余枚のガラスが砕かれ、被服庫の屋根の瓦百数十枚も破損した。火薬庫のあった野砲兵第21聯隊でも数百枚のガラスが壊れたが、兵営は爆破地から遠かったので、歩兵聯隊より被害は少なかった。いちばん大きな損害を蒙ったのは、火薬庫の北隣にあった憲兵隊本部で、家屋が傾いて壁は剝落し、ガラスもほとんど打ち砕かれた。遠く

離れた師団長官舎にも破片が飛んできて、数枚のガラスが破損し、近隣の民家でもガラスが壊れる被害が出た。

思いがけない大事件で、多大な損害が出たが、第15師団ではすぐさま復旧工事のための手続きを始め、陸軍大臣から大蔵大臣に対し、4万7210円を「第二予備金」から支出してほしいという請求がなされた。これを受けた大蔵大臣勝田主計は、「第二予備金」はすでに使い切ってしまったので、勅裁を経て、「国庫剰余金」から支出するよう取り計らってほしいと、内閣総理大臣寺内正毅に申し出ている。閣議の結果、申請は認められて、大正6年度の「国庫剰余金」からの臨時支出と、大正7年度の追加予算を利用して、復旧工事が開始されることになる。

大正7年4月、野砲兵第21聯隊火薬庫と憲兵隊本部が完成し、いったん豊橋の憲兵分隊に移っていた憲兵たちも、新たに建築された憲兵隊本部に戻ることができた。「新築された憲兵隊本部の総建坪は150坪で、事務室・官舎・厩舎・被服庫、湯沸し小使室や消防器具置場などがあり、きわめて質素な設計だが、憲兵隊としての設備は完備している」と、『三遠日報』（4月19日号）は報じている。

火薬庫の爆発は、一名の死者を出し、憲兵隊本部の損壊なども伴った大惨事だったが、復旧事業は直ちに進められ、巨額の予算計上を認められて、半年の後には火薬庫と憲兵隊本部の再建が果たされた。陸軍第15師団はきわめて重要な組織だという認識を政府の中枢部にいる人々も共有しており、国家予算を投入する形で復旧工事がなされたのである。

竹田宮聯隊長と久邇宮師団長

陸軍第15師団が豊橋（高師村）にあった時代、天皇家と父系でつながる「宮家」が多く存在し、宮家の当主や子弟が師団や聯隊に所属するというのも一般的なことだった。第15師団にも宮家の方々がよく来訪したが、一時的に訪問するだけでなく、一定期間滞在して職務にあたるケースも

あった。

　大正2年8月3日、東久邇宮稔彦（なるひこ）王が豊橋に来て、陸軍第15師団野砲兵第21聯隊に入隊した。敗戦後総理大臣を勤めた人物だが、当時15歳の陸軍大学生で、他兵科勤務のため野砲兵聯隊に入隊することになったのである。住宅は下地町の永井仙十方で、50日間の勤務を果たしたのち、9月26日に帰京している。

　大正4年1月には、竹田宮恒久王が第15師団騎兵第19聯隊長として着任した。恒久王は陸軍騎兵少佐で、当時33歳、明治天皇皇女の昌子内親王を妃としていた。豊橋市花田にある、かつての師団長住宅が住居に宛てられ、恒久王は聯隊長としての仕事をこなしながら、花田の邸宅で起居することになった。2月には妃の昌子内親王が来訪し、市民の歓迎を受けた。3月のある日、恒久王と昌子内親王は、王子の恒徳王を伴って蒲郡の常盤館に赴いて、三河の海の風景を眺めた。このとき内親王は2首の和歌を詠じている（『新朝報』4月9日号）。

　　海山の景色妙なるこのあたり　立ち去りかぬる思ひせらるる

　　長閑（のどか）なる海の眺めに懐かしき　去年の春さへ思ひいだして

　聯隊長としての勤めを果たしながら、時にはイベントに参加したり、近所の面白そうなところを遊覧したりしたようである。大正4年7月14日の夜には、豊橋の歩兵第18聯隊に足を運び、名物の三河煙火を見物した。大正5年5月には、豊橋市郊外の北島にある「精華園」に赴いて、温室栽培のありさまを見、マスクメロンを注文している。着任してから1年半になる頃、恒久王は静養のため小田原の御用邸に入り、8月には東京の近衛第1師団司令部への転勤を命じられた。

　大正6年8月には、久邇宮邦彦（くによし）王が第15師団長として着任した。邦彦王は久邇宮朝彦親王の子で、東久邇宮稔彦王の兄にあたる。陸軍中将で、着任した時は44歳だった。豊橋に来たのは8月22日で、奉迎者は3万余人にのぼったと『新朝報』は伝えている（8月23日号）。皇

族が師団長として着任するというのは、とても名誉なことなので、各方面から新師団長に献上品が出された。豊橋市役所からは温室栽培の葡萄1籠、渥美郡役所からは伊良湖産の岩牡蠣1籠、高師村役場からは大崎産の養成鰻1籠が献上された（『新朝報』9月4日号）。9月末には久邇宮妃俔子（薩摩藩主島津忠義の娘）が来訪し、豊橋市長が師団長官舎に赴いて、温室産メロンと葡萄1籠を献上している（『新朝報』10月3日号）。

　12月の下旬には、邦彦王の王女が揃って豊橋を訪れ、両親と対面している。良子（ながこ）女王・信子女王・智子女王の3人で、学習院の年末休暇を利用して来訪したとのことだった。その後、邦彦王は妃と王女を伴って東京に戻り、年始を迎えるが、まもなく長女の良子女王を皇太子裕仁親王（のちの昭和天皇）の妃にするとの内定がなされた。大正7年1月16日の午後、邦彦王と妃が皇居に参上して天皇と皇后に対面し、婚約の内定の礼を言上した。良子女王は当時14歳、皇太子は16歳だった。

　各隊の検閲や徴兵検査の視察など、師団長の仕事はたくさんあり、時には遠方に赴くこともあった。久邇宮邦彦王は任務に励み、多忙な生活を送っていたようだが、時には楽しいイベントも企画された。大正7年6月9日の午後、邦彦王と俔子は高豊村大字七根の海岸に赴き、人々の鯛網漁を御覧になった。渥美郡長らの命令で、40余名の漁民が早朝から鯛網を沖の遠くに張っており、午後1時頃に師団長夫妻が馬車で現地に到着、海岸の高地に設けられた休憩所に入った。漁民たちは勇ましく声をかけながら網曳きを開始し、4時半頃に網を引き上げた。雨が降るあいにくの天候だったが、夫妻は休憩所を離れ、侍女の翳す雨傘の下、海岸まで足を運び、鯛網漁の様子を熱心に御覧になったという。網が引き上げられたあと、高豊村長が新鮮な鯛を1籠献上してイベントは終了し、夫妻は御機嫌麗しく官邸に帰還した（『新朝報』6月11日号）。

　この2か月後、邦彦王は近衛師団長を拝命し、8月22日に豊橋を出て帰京した。このあとまもなくして、第15師団の攻防演習が始まり、皇族の面々

も豊橋に集合したが、久邇宮邦彦王もその一人として豊橋を訪れ、演習を参観した。この時は皇太子裕仁親王も豊橋（高師村）に来ることが決まり、渥美郡長と高師村長が静岡の御用邸に伺候して、田原町の伊藤忠四郎が精製した晒飴と神野新田養魚場で育てた鰻1籠を献上している（『三遠日報』10月3日号）。

　10月3日の午前9時、皇太子が宮廷列車で豊橋駅に到着、新停車場通りから高師原に向かい、演習を実視したあと、師団司令部に入って昼食をとった。そのあと皇太子は久邇宮邦彦王とともに庭園に赴き、記念のための植樹を行った。皇太子は紀念砲の前、邦彦王はその左方に、それぞれ松を御手植になったという（『新朝報』10月4日号）。皇太子と邦彦王の「御手植の松」は今も健在で、大学記念館のそばに並んで聳え立っている（写真7）。

　大規模な攻防演習が実施され、皇太子も来訪したこの頃が、陸軍第15師団の最盛期といえるかもしれない。やがて日本は軍縮の時代を迎え、大正14年に第15師団は解体して、新たな組織が配置されることになる。大

写真7　皇太子裕仁親王・久邇宮邦彦王御手植松の標柱

正 8 年以降のことがらも続いて述べるべきところだが、膨大な史料の整理が追いつかない状況なので、現段階ではそれを果たすことができない。残念ではあるが、ここでは大正 7 年までの紹介に止め、そのあとの経緯の叙述については後日を期したい。

参考文献

・大口喜六『豊橋市及其附近』（豊橋市教育会発行、1916 年）
・内山新編『豊橋市市制施行二十年誌』（豊橋市役所発行、1928 年）
・近藤健吉（鹿堂）『豊橋雷動燊記』（三興社発行、1936 年）
・豊橋市政五十年史編集委員会編『豊橋市政五十年史』（豊橋市発行、1956 年）
・高師風土記刊行委員会編『みてわかる高師風土記』（1976 年）
・豊橋市校区社会教育連絡協議会編『ふるさと豊橋』（豊橋市校区社会教育連絡協議会発行、1979 年）
・豊橋市水道 50 年史編さん委員会編『豊橋市水道 50 年史』（豊橋市水道局発行、1980 年）
・豊橋市史編集委員会編『豊橋市史 第三巻』（豊橋市発行、1983 年）、第 2 章第 3 節「第十五師団の設置」（兵東政夫執筆）
・豊橋市立福岡小学校校区誌編集委員会編『福岡 むかしと今』（豊橋市立福岡小学校発行、1985 年）
・兵東政夫『旅はどのあたりか』（1986 年）
・水口源彦『南栄町物語―軍隊の街から学園の街へ―』（1996 年）
・牟呂史編集委員会編『牟呂史』（牟呂校区総代会・汐田校区総代会・牟呂史編纂委員会発行、1996 年）
・荒川章二『軍隊と地域』（青木書店、2001 年）
・愛知県史編さん委員会編『愛知県史 資料編 26 近代 3 政治・行政 3』（愛知県発行、2004 年）
・栄校区総代会・栄校区史編集委員会編『校区のあゆみ 栄』（豊橋市総代会発行、

2006 年）

・福岡校区総代会・福岡校区史編集委員会編『校区のあゆみ 福岡』（豊橋市総代会発行、2006 年）

・中野校区総代会・中野校区史編集委員会編『校区のあゆみ 中野』（豊橋市総代会発行、2006 年）

・高師校区総代会・高師校区史編集委員会編『校区のあゆみ 高師』（豊橋市総代会発行、2006 年）

・芦原校区総代会・芦原校区史編集委員会編『校区のあゆみ 芦原』（豊橋市総代会発行、2006 年）

・磯辺校区総代会・磯辺校区史編集委員会編『校区のあゆみ 磯辺』（豊橋市総代会発行、2006 年）

・荒川章二『軍用地と都市・民衆』（山川出版社、2007 年）

・松下孝昭『軍隊を誘致せよ―陸海軍と都市形成―』（吉川弘文館、2013 年）

・C・ファクトリー作成『豊橋の戦争遺跡』（豊橋市教育委員会発行、2014 年）

・佃隆一郎「東海軍都論―豊橋と、関連しての名古屋・浜松―」（河西英通編『地域のなかの軍隊 3 列島中央の軍事拠点 中部』〈吉川弘文館発行、2014 年〉所収）

・愛知大学公館建築調査団編『豊橋市指定有形文化財 愛知大学公館（旧陸軍第十五師団長官舎）建築調査報告書』（豊橋市教育委員会美術博物館発行、2015 年）

・伊藤厚史『学芸員と歩く 愛知・名古屋の戦争遺跡』（名古屋市教育委員会文化財保護室・六一書房発行、2016 年）

・愛知県史編さん委員会編『愛知県史 通史編 7 近代 2』（愛知県発行、2017 年）

・藤井非三四『帝国陸軍師団変遷史』（国書刊行会発行、2018 年）

・松下孝昭「師団の立地と遊廓移転をめぐる地域社会と市政―日露戦後期の豊橋市の場合―」（『史林』103 巻 2 号、2020 年）

・愛知大学綜合郷土研究所編『愛知大学特別重点研究 愛知大学等における歴史的建造物の調査・研究 年次報告書（2020 年度）』（愛知大学綜合郷土研究所発行、2021 年）

・荒川章二『増補 軍隊と地域―郷土部隊と民衆意識のゆくえ―』（岩波書店、2021 年）

・豊橋市二川宿本陣資料館編『高師原・天白原演習場とその時代』（豊橋市二川宿本陣資料館発行、2021 年）

・愛知大学綜合郷土研究所編『愛知大学特別重点研究 愛知大学等における歴史的建造物の調査・研究 年次報告書（2021 年度）』（愛知大学綜合郷土研究所発行、2022 年）

・愛知大学綜合郷土研究所編『愛知大学特別重点研究 愛知大学等における歴史的建造物の調査・研究 年次報告書（2022 年度）』（愛知大学綜合郷土研究所発行、2023 年）

・愛知大学綜合郷土研究所編『愛知大学特別重点研究 愛知大学等における歴史的建造物の調査・研究 最終報告書（2020 ～ 2022 年度）』（愛知大学綜合郷土研究所発行、2023 年）

偕行社の建造物文化財調査

泉 田　英 雄

1　はじめに

　愛知大学短期大学部本館は、明治 42（1909）年 5 月に旧陸軍第 15 師団偕行社として建設され、大正 14（1625）年 5 月の同師団廃止後も、再編された陸軍教育機関の将校社交場他として使われた。第二次世界大戦後一時農協に貸し出されていたが、昭和 36 年頃に愛知大学に移管され、同大学短期大学部本館として用いられた。陸軍第 15 師団の設立に関しては『明治軍事史:明治天皇御伝記史料』（陸軍省編）収録の参謀本部文書によって、また豊橋市での開設過程に関しては『豊橋史第三巻』によってそれぞれ概略を知ることができるが、偕行社を含む個々の建築の形態と構造については不明な点が多い。建設直後の姿を『大正天皇愛知縣聖蹟史』が若干述べていることから、これらを参考にし、現地調査の結果とつきあわせながら、本建築の特徴を明らかにしたい。

2　沿革

　陸軍第 15 師団は、日露戦争の最中の明治 38（1905）年に編成され、満州と朝鮮に派遣された。終戦とともに帰営し、東海道沿線に衛戍地を求めていたところ、豊橋市の積極的誘致運動により、明治 40 年 9 月 17 日に市南部の高師村に設置場所が決まった。早速敷地の買収と造成が行われ、明治 41 年 2 月 7 日から主要施設建築工事が始まった。この工事は臨時陸軍建築部名古屋支部が管轄し、施工は工費 180 万円、工期 9 ヶ月で大林組が

工事を請負った。

　明治41年8月に師団司令部が竣工し、翌年5月までに主要施設が完成した。これとは別に、工事開始時期は定かではないが、明治42年5月に偕行社が師団司令部の東隣に、明治45年5月に師団長官舎が北側の高師村大字福岡字小松（現石塚町）にそれぞれ竣工した。両施設とも師団司令部所在地には必要不可欠なものであるが、衛戍地の中では少し性格の異なるものであり、別途工事として進められたのであろう（図1）。土地取得も師団司令部と一緒に行われなかったために、既存の建物に邪魔されて東側境界は既存の境界線と一直線ではなく、偕行社敷地で4メートルほど西側に寄ることになった。現在、愛知大学敷地の東通りにクランクが見られるのはそのためである。

　偕行社は完成して間もなく、明治43年11月の皇太子殿下行啓に際して御宿舎にあてられることになり、その準備の様子が『大正天皇愛知縣聖蹟史』に書き記されており、完成当初の建物の配置、間取り、外観を知ることができる（図2）。

3　施設建物概要

　偕行社の敷地は、他の師団所在地と同じように施設建物に比して広い敷地があてがわれた。ここのほぼ中央に偕行社建物が配置され、北側に進入路が設けられたことから、当初から北側を広場、南側を庭園とすることになっていたことがわかる。現在、偕行社建物の手前には割合大きなロータリー（円形路）が設けられているが、これは当初のものではなく、『大正天皇愛知縣聖蹟誌』(図2)に見られるように、もともとはポーチコ（車寄せ）近くに小さなものが作られていた。おそらく、昭和時代になり、自動車が構内に入ると、この小さなロータリーでは旋回が難しく、少し離れたところに規模を大きくして移されたのであろう。

　建物自体は、東西に長い総二階建ての建物で、北側中央に玄関・階段室が

図1　大正10年前後の第15師団

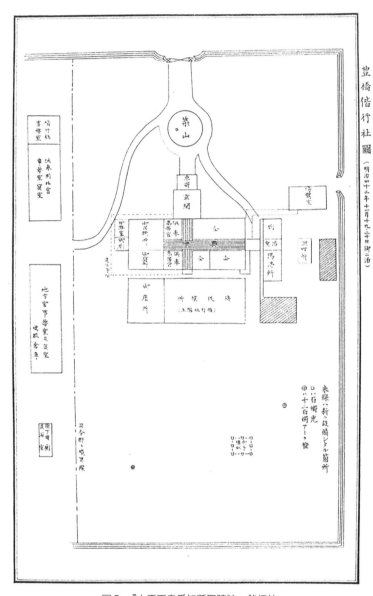

図2 『大正天皇愛知縣聖蹟誌』偕行社

張り出し、さらにポーチコが取り付き、凸状の外観をしている（図3〜6）。建物東西方向には寄棟屋根が、また玄関・階段室上には入母屋屋根がのる。南東角には二階への簡単な階段が取り付けられており、非常用のものと考えられる。

　現在、ポーチコの屋根は寄棟形式になっているが、『大正天皇愛知縣聖蹟誌』に掲載された写真によれば陸屋根であり、その周りにバラストレード（欄干）が巡らされていた（図7）。そして、この屋根をオーダー付きの三本角柱が支え、桁との接合部には雲形の肘木のようなものがつき、さらに軒下にコーニスを配していた。一般的に陸屋根は雨漏りの原因となりやすく、この場合もそのためにポーチコ屋根の修理に合わせて寄棟屋根にし、また1階周りの角柱を合板で覆って大壁式にしたのであろう。ポーチコの屋根だけではなく、他の部分の屋根も何度か葺き直しされている。

　ポーチコの角柱やバラストレード、外周の上下窓（あげさげまど）とドイツ下見板（箱目地下見板）は西洋建築の特徴であるが、玄関屋根に取り付けられた唐破風とポーチコの雲形肘木は和風の造りであり、和洋折衷である。同時期に建設された師団司令部や将校集会場が純洋風の外観であったのに対して、この建物は大変異色である。しかし、なぜこのような和風意匠が付くようになったのか、またいつ頃なぜ取り払われたのかは不明である。

4　平面と構造

　偕行社は将校の社交場であり、基本的に1階に受付や事務室などを置く他は大小の複数の広間で構成され、2階は多くの人数が一堂に会する場所として、途中何も遮るもののない大広間となることが多い。そして、ここに出入りするための主階段室が外に張り出すように取り付き、また2階から避難階段が設置されることになる。

　以上の基本形式がこの建物にもあてはまり、はじめから偕行社として計

図3　偕行社北側正面

図4　偕行社西側側面

図5-6 偕行社北＆西立面図1

10868

3383 2FL

795 3615

1FL

図7　偕行社竣工直後

画、建設されものであることがわかる。玄関から入ると1階は中廊下式に
なっており、右手に受付や事務室が、左手に広間が並び、2階は大広間に
なっていた（図8、9）。皇太子殿下の御宿舎として使われるときに、新た
に若干の間仕切りが施され、さらに愛知大学短期大学部本館として用いら
れている時に2階が大きく改装された（図10）。後付けされた間仕切壁か
どうかは材料と構造から容易に判別することができ、それを撤去すると、
最初期の平面図は図8と図9のようになる。

　構造は、他の師団施設建築と同じように、組積造の基礎の上に木造軸組
が載り、さらにトラスの小屋組が屋根を支えている。主要構造材は角材で
あるが、大引、束、母屋などには丸太をそのまま用いており、短い工事期
間への対応と考えられる。もう一つの特徴は、補強金物を多用しているこ
とで、濃尾地震後に推奨された構造補強方法が取り入れられた。さらに、
構造力学に対する理解が進み、トラスのキングポストは引っ張りに強い鉄
棒を用いている（図11）。

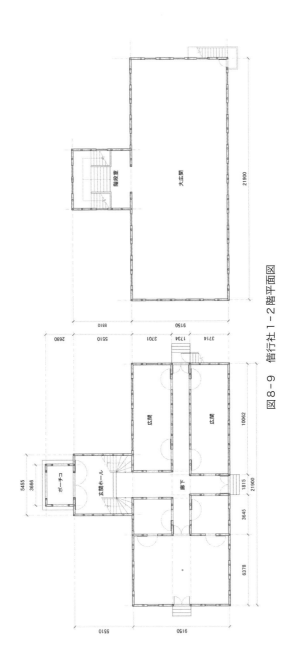

図8-9　偕行社1-2階平面図

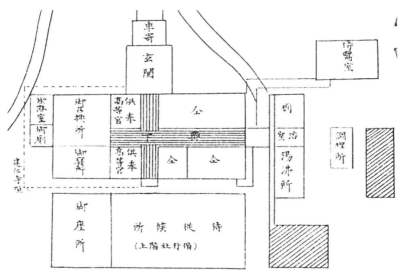

図10 偕行社皇太子殿下御宿舎平面図

図11 偕行社小屋組

5　内外装

　廊下と部屋に関わらず当初の室内は、床をフローリング（床板貼り）、壁を漆喰塗り、そして天井を板張りペンキ塗りとしていた。床と壁の境には木製幅木、壁と天井の境には繰型の施された回縁が巡らされており、また階段室には美しい手摺と手摺子が、さらに天井照明器具回りには六角形の木製枠が取り付けられている（図12、13、14）。

　外部は、腰壁付き箱目地下見板貼りの上にペンキ塗り仕上げとしており、全体としてみれば内装は西洋建築の作り方をしている。

図12　偕行社階段と手摺り

図14　偕行社外部階段の持送り

図13　偕行社照明器機飾り

図15　偕行社換気口金物

6 まとめ

　第15師団偕行社は、はじめから偕行社として計画、建設されたもので、明治42年5月に竣工して、一年半後に皇太子行啓の御宿舎に使用された。軽微な間仕切が付け加えられただけで、すぐに元に戻された。建物の内外観は基本的には西洋木造建築の造り方をしていたが、最も目に付く玄関の支柱と屋根に意識的に和風意匠を加味していた。これは同時代の陸軍主要建物には見られないもので、第15師団偕行社の大きな特徴であった。明治38年に増設された4つの師団は、海外から帰任するとともに早急に衛戍地を必要とし、誘致自治体の協力の下で短期間の内に諸施設を完成させていった。軍関連施設には共通の仕様がありながら、このような和風意匠を持った第15師団偕行社は特筆すべきものであった。

参考資料

『大正天皇愛知縣聖蹟史』昭和5年3月

『明治軍事史：明治天皇御伝記資料』昭和41年

『豊橋市史　第三巻』昭和43年

既往研究

1．小野木重勝「旧陸軍第十五師団指令部庁舎」日本建築学会関東支部研究報告
　　集 1992年

2．小野木重勝「旧陸軍第十五師団長官舎」日本建築学会関東支部報告集 2000年

3．小野木重勝「旧陸軍第十五師団将校集会場・偕行社」日本建築学会学術梗概
　　集 2001年

（『愛知大学綜合郷土研究紀要』58輯（2013年）に収録、2023年2月加筆修正）

著者紹介

山田邦明（やまだ くにあき）
1957 年、新潟県生まれ
東京大学大学院人文科学研究科博士課程中退、博士（文学、東京大学）
現在、愛知大学文学部教授

専攻＝日本中世史
日本中世の政治や社会に広く目を向けるとともに、豊橋を含む地域の歴史を解明する作業も進めている。最近では、愛知大学特別重点研究「愛知大学等における歴史的建造物の調査・研究」の研究代表者として、近代の陸軍と豊橋地域に関わる研究を進めている。
著書＝『戦国のコミュニケーション』（吉川弘文館）、『戦国の活力』（小学館）、『室町の平和』（吉川弘文館）、『日本史のなかの戦国時代』（山川出版社）、『戦国時代の東三河―牧野氏と戸田氏―』（あるむ）、『上杉謙信』（吉川弘文館）、『中世東海の大名・国衆と地域社会』（戎光祥出版）ほか多数

泉田英雄（いずみだ ひでお）
1954 年、宮城県生まれ
筑波大学大学院芸術学研究科修了、博士（工学、東京大学）
現在、宮城県及び愛知県の市町村の文化財保護委員

専攻＝ 建築及び技術史、建築修復保存
近代日本の建築及び技術史を、西洋及び東洋の枠組みでとらえ直すことを課題としている。
以上の研究に関連して、人が創造してきた建築物を後世に残す実務にも関わっている。
著書＝『東南アジアの課人街：移民と植民による都市形成』（学芸出版社）、『南の島の家づくり』（竹中大工道具館、共著）、「工部大学校創設再考」（日本建築学会計画系論文集）、『明治政府測量師長コリン・アレクサンダー・マクヴェイン』（学芸出版社）ほか多数